山东省高等教育名校建设工程课程改革教材

3ds Max + VRay 室内效果图制作

主　编　江尔德　董苏娜
副主编　李德华　林兴家
主　审　王　安

黄河水利出版社
·郑　州·

内 容 提 要

本书是山东省高等教育名校建设工程课程改革教材，是本着高职教育的特色，依据中央财政支持专业建设方案和山东省特色名校建设方案要求编写的。本书共分9个项目，详细介绍了3ds Max软件的工具使用、单体建模的方法、摄影机使用、灯光和材质的表现方法、VRay插件使用及VRay初级、高级渲染设置。本书在讲解操作方法和流程的同时，还对空间建模、材质贴赋、VRay灯光、高级渲染等通过项目案例、任务驱动的形式进行了深入讲解。本书使用的软件版本为3ds Max 2012和VRay2.10、VRay2.30，建议读者使用相应版本的软件进行学习。

本书适合于高职高专院校建筑设计技术、建筑装饰工程技术、环境艺术设计、室内设计、艺术设计等专业教学使用，也可供相关专业领域的技术人员阅读参考。

图书在版编目(CIP)数据

3ds Max + VRay室内效果图制作/江尔德，董苏娜主编.—郑州：黄河水利出版社，2015.6

山东省高等教育名校建设工程课程改革教材

ISBN 978-7-5509-1050-8

Ⅰ.①3… Ⅱ.①江…②董… Ⅲ.①室内装饰设计-计算机辅助设计-三维动画软件-高等学校-教材 Ⅳ.①TU238-39

中国版本图书馆CIP数据核字(2015)第061600号

组稿编辑：王路平　电话：0371-66022212　E-mail：hhslwlp@163.com

出 版 社：黄河水利出版社

地址：河南省郑州市顺河路黄委会综合楼14层　邮政编码：450003

发行单位：黄河水利出版社

发行部电话：0371-66026940、66020550、66028024、66022620(传真)

E-mail：hhslcbs@126.com

承印单位：河南省瑞光印务股份有限公司

开本：787 mm×1 092 mm　1/16

印张：10.5

字数：240千字　印数：1—1 000

版次：2015年6月第1版　印次：2015年6月第1次印刷

定价：46.00元

前言

本书是依据中央财政支持提升社会服务能力重点建设专业和山东省高等教育名校建设工程重点建设专业的人才培养方案和课程建设目标要求，并按照国家及行业有关 3ds Max + VRay 室内效果图制作的新规范、新法规、新标准编写完成的。它在吸收有关教材和技术文献资料精华的基础上，充实了新思想、新理论、新方法和新技术；以“工学结合”为主线，以培养学生的实践动手能力为目标，不过分苛求学科的系统性和完整性，注重学生职业能力训练和综合素质培养，体现了高等职业教育的特点，突出了适用性、实践性、创新性的教材特色。

本书是为适应高职教育改革的形势，针对高职教育现状与课程改革的变化编写的，是一本以软件应用及设计表现室内空间效果为教学主体的专业书籍。本书采取全新的高职教材编写方法，采用项目与任务驱动的形式，致力于组织一体化教学，内容覆盖面比较广，注重知识点的循序渐进，以典型的项目案例为载体，并贯穿于教学内容中。本书注重应用实例、项目案例，将学习和实际应用相结合，每个教学项目都具有一定的独立性，形成了相应的模块，每个教学任务都采用“技巧提示”作总结，并配以简要文字说明，以激发学生的学习兴趣。

通过本书的学习可以使读者学习到不同空间类型的效果图制作方法，提升绘制装饰设计效果图的能力，熟练掌握 3ds Max 软件的基本操作技巧，培养对空间设计的认知与思考方法，达到绘制建筑装饰设计效果图的技术要求，从而提升专业知识与技能。

本书由山东水利职业学院主持编写工作，编写人员及编写分工如下：原高（北京）装饰工程有限公司原林编写项目 1；山东水利职业学院曲欣欣编写项目 2 的 2.1 ~ 2.3 节，李建伟编写项目 2 的 2.4 ~ 2.5 节；日照鲁木装饰设计工程有限公司卢立伟编写项目 3 的 3.1 ~ 3.4 节，许华编写项目 3 的 3.5 ~ 3.8 节；山东水利职业学院江尔德编写项目 4、6、7，林兴家编写项目 5；日照职业技术学院李德华编写项目 8；山东水利职业学院董苏娜编写项目 9 的 9.1 节，林兴家编写项目 9 的 9.2 节；另外，原林负责整合项目 8 的案例软件资料，卢立伟、许华负责整合项目 9 的案例软件资料。本书由江尔德、董苏娜担任主编，江尔德负责全书统稿；由李德华、林兴家担任副主编；由山东水利职业学院王安担任主审。

在本书撰写过程中，原高（北京）装饰工程有限公司、日照鲁木装饰设计工程有限公司、山东水利职业学院、日照职业技术学院的专家、老师做了大量的工作，在此对教材编写出版给予支持和帮助的企业领导、老师们表示衷心的感谢！

由于编者水平有限，书中难免有错误和疏漏之处，恳请广大读者批评指正。

编　者

2014 年 11 月

目 录

项目 1　3ds Max 基础知识

【知识要点】

绘图单位设置、捕捉以及定制用户界面设置；掌握各种坐标系的概念，复制物体的方法，阵列、镜像、对齐和变换工具的使用。

【教学目标】

通过简单的任务案例，了解 3ds Max 软件界面功能和工具的使用；熟悉 3ds Max 的界面操作，培养对 3ds Max 软件工具的操作能力。

3ds Max 是由 Autodesk 公司开发的制作三维模型和动画的软件，3ds Max 在基本建模、材质赋予、贴图使用和灯光创建、渲染中具有强大的功能和灵活性。在建筑行业，3ds Max 是设计师绘制建筑效果图和室内装饰效果图的优秀专业工具，能够快速、精确地创建模型，编辑逼真生动的材质，设置丰富多变的灯光，以及便捷地获取各种空间透视效果。

任务 1　3ds Max 的功能和工作流程

下面通过制作一个简单的任务案例来了解 3ds Max 的功能和工作流程。

步骤 1. 选择【创建】命令面板/【几何体】 /【标准基本体】/【基本类型】面板，点选【茶壶】按钮，在透视图中单击一点进行拖拽，参数如图 1-1 所示。创建一个茶壶，如图 1-2所示。

步骤 2. 单击主工具栏上的【选择并均匀缩放】工具，将光标放置在透视图坐标系的 Z 轴上，向上拖移鼠标，将壶体纵向拉长，使其变形为以高度为特征的装饰瓶，如图 1-3 所示。

图 1-1

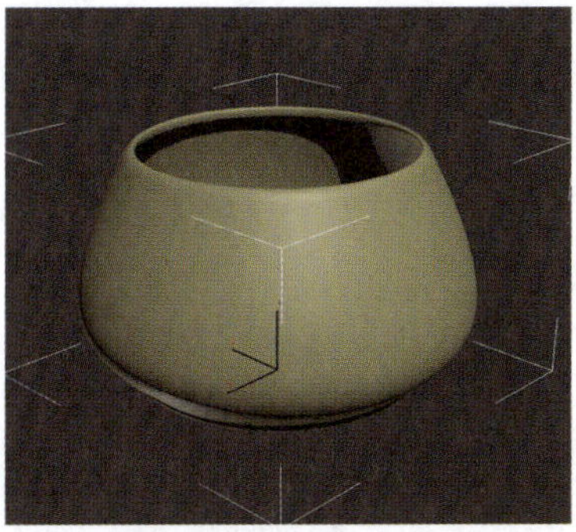

图 1-2

图 1-3

步骤 3. 点选【创建】命令面板/【几何体】 /【标准基本体】选项/【基本类型】面板，选择【长方体】按钮，在透视图中单击一点进行拖拽，创建一个长方体作为桌面，将装饰瓶放置在此桌面上。桌面参数如图 1-4 所示。

步骤 4. 打开主工具栏上的【材质编辑器】按钮，在对话框的视窗中，选择一个样本球。在【明暗器基本参数】区域下方的卷展栏中，单击其中的【贴图】栏，在下拉列表中单击【漫反射颜色】右边的【none】按钮，进入【材质/贴图浏览器】面板。

步骤 5. 在默认打开的【贴图】选项中，选择下拉列表中的最后一个【漩涡】形式，单击【确定】按钮，漩涡效果直观地展示在样本球上。此时，将【坐标】区域的【瓷砖】设为 2；将【漩涡参数】/【漩涡外观】中的【扭曲数值】设为 10，【颜色对比度】设为 1，【漩涡强度】设为 5，【漩涡量】设为 1，其他为默认设置，如图 1-5 所示。也可以尝试改变这些参数，在样本球上预览相应的漩涡效果。

步骤 6. 点选样本球视窗下方的【将材质指定给选定对象】工具按钮，使用主工具栏上的【选择对象】工具单击茶壶，再激活样本球视窗下方的【视口中显示明暗处理材质】按钮，装饰瓶在透视图中显示出默认设置的漩涡效果。选取主工具栏上的【渲染产品】工具按钮，渲染透视图，如图 1-6 所示。装饰瓶的内壁是空的，没有真实感。

图 1-4　桌面参数

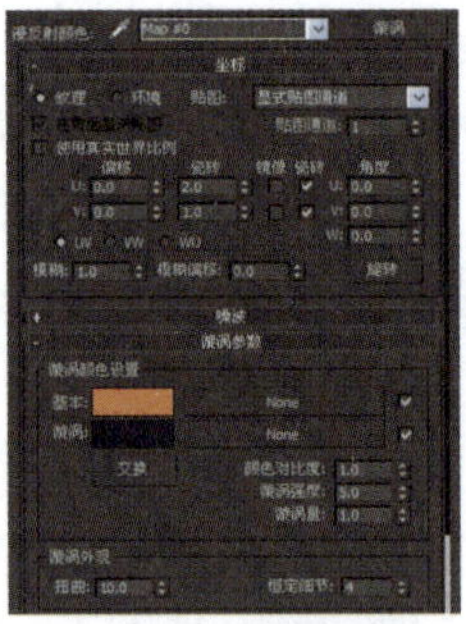

图 1-5　漩涡参数

图 1-6　装饰瓶外壁效果

步骤 7. 单击样本球视窗下方的【转到父对象】按钮，将光标置于对话框空白处，变成小手形状后向下拖动，至【明暗器基本参数】区域，勾选其中的【双面】选项，如图 1-7 所示，装饰瓶的内壁被赋予【漩涡】材质。

步骤 8. 另选一个样本球，选取【明暗器基本参数】面板/【贴图】栏/【漫反射颜色】相对应的【none】按钮/【材质/贴图浏览器】对话框，选择下拉列表中的【木纹】形式，点击【确定】按钮后，材质效果直观地展示在样本球上。下面将木纹材质贴到桌面，方法可与上述的步骤 6 相同，也可以灵活更改相关步骤。

步骤 9. 点选【材质编辑器】对话框中的【将材质指定给选定对象】按钮，使用主工具栏中的【选择对象】工具，单击长方体，再单击【视口中显示明暗处理材质】按钮，长方体在透视图中显示出默认设置的木纹效果。

步骤 10. 调整参数，长方体上面的木纹会自动做出相应变化，预览的效果比在样本球上更贴近实际一些，当然真实的材质效果还是需要通过渲染来观看；最后，确定木纹材质的参数，如图 1-8 所示，渲染效果如图 1-9 所示。关闭【材质编辑器】对话框。

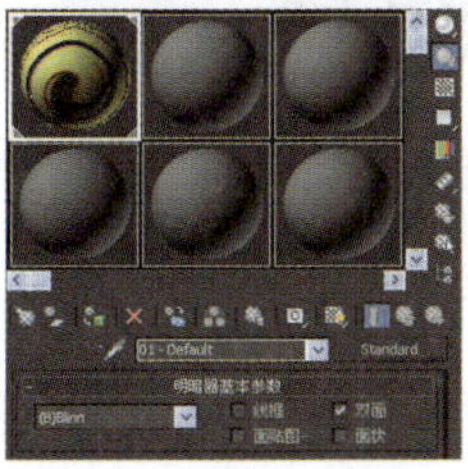

图 1-7

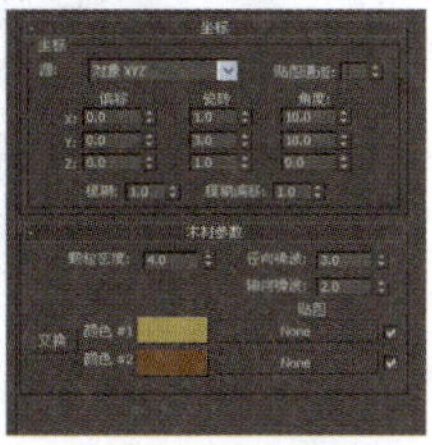

图 1-8　确定【木纹材质】参数

图 1-9　材质渲染效果

步骤 11. 单击【创建】命令面板/【灯光】按钮,将默认的【光度学】形式切换为【标准】形式。在【对象类型】面板中选择【目标聚光灯】,在其【常规参数】面板中勾选【阴影】的【启用】项,在【阴影参数】面板中将【阴影密度】设为 0.9,其他采用默认设置,如图 1-10 所示。

步骤 12. 激活前视图,在装饰瓶和桌面的上方,光标单击一点为投射点,继续向下拖拽到投射对象,单击鼠标结束,结束点为目标点。用【选择并移动】工具在各个视图合适的轴向拖移投射点和目标点,使锥形光域完全包围装饰瓶和桌面,如图 1-11 所示。在透视图中,单击【渲染产品】按钮,观看渲染效果,如图 1-11 所示。

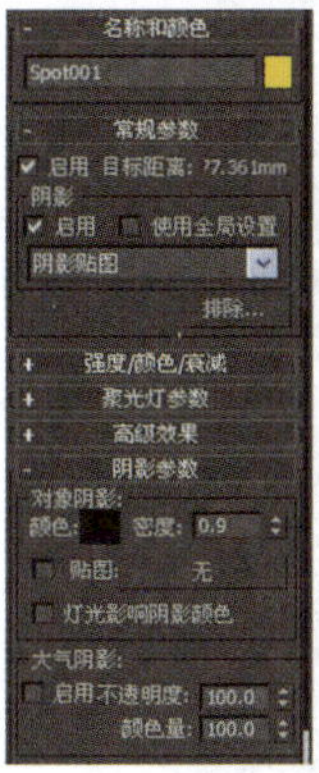

图 1-10

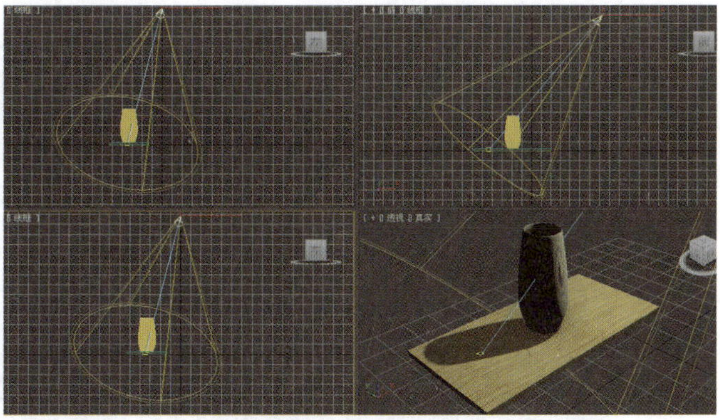

图 1-11　聚光灯锥形光域

步骤 13. 渲染效果显示出装饰瓶的暗部太黑,下面创建一个泛光灯为暗部补光。

【泛光灯】和【目标聚光灯】同在【对象类型】面板,选取【泛光灯】,本案例在【灯光/强度/衰减】卷展栏中,将【倍增值】设为 0.2,数值越大,反光越强。再单击【灯光/强度/衰减】卷展栏上方的【排除】按钮,如图 1-12 所示,指定泛光灯只照射装饰瓶,排除对桌面的照射。然后,在装饰瓶暗部后上方附近,单击创建已经设置好的泛光灯,使用主工具栏上的【选择并移动】工具调整泛光灯的位置,边调整边渲染透视图,观看实际光影效果,最终渲染效果如图 1-13 所示。

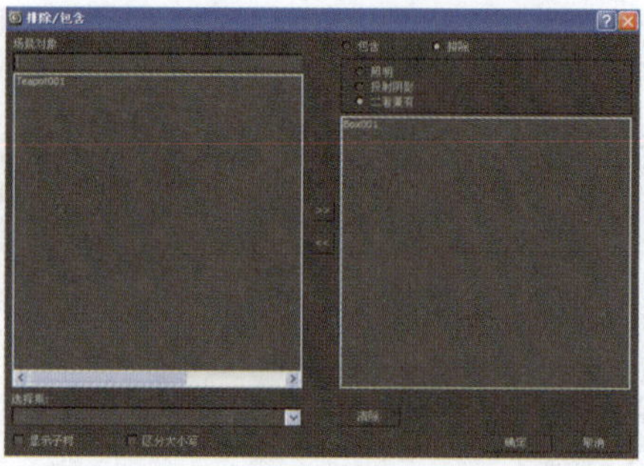

图 1-12 【排除】命令对话框

图 1-13 最终渲染效果

技巧提示：复杂微妙的光影效果，是需要多频次使用灯光参数中的【排除】命令的，它可以对创建对象进行选择性的照射，轻易实现摄影师梦寐以求的布光效果。

任务 2 认识用户界面及界面设置

1 认识用户界面

3ds Max 2012 中文界面如图 1-14 所示，分为菜单栏、主工具栏、命令面板、动画设置区、提示及状态栏、视图区、视图控制区。

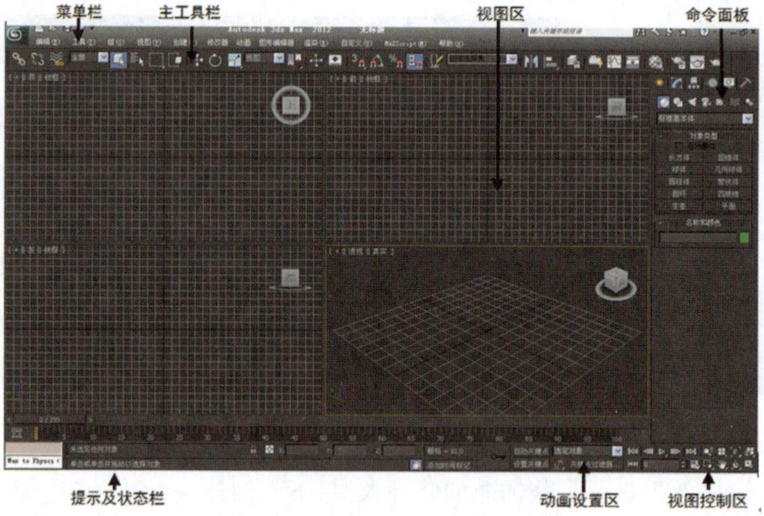

图 1-14 3ds Max 2012 中文界面

1.1 菜单栏

菜单栏位于用户界面的上方，集合了 3ds Max 的所有命令，共分为 12 组，如图 1-15 所示。菜单栏左上角的按钮包含了老版本文件菜单中的命令。

1.2 主工具栏

主工具栏位于菜单栏下面，将命令以图标按钮的形式显示出来，由多个图标和工具组

图 1-15　3ds Max 菜单栏

成,使用频率最高,如图 1-16 所示。

图 1-16　3ds Max 主工具栏

3ds Max 还提供了多个隐藏的工具栏,用户需要时,选取【自定义】菜单/【显示 UI】/【显示浮动工具栏】,就可以将它们调出来使用。共有 9 个工具条,其中有变换工具常用的【X】、【Y】、【Z】和各种组合轴向,以及建模时用来大规模克隆对象的【阵列】工具,如图 1-17 所示。

图 1-17　3ds Max 2012 浮动工具栏

1.3　命令面板

命令面板默认位于用户界面的右侧,是 3ds Max 的核心工作区域,整合了所有的创建和修改指令,由主切换标签、次切换标签和卷展栏组成,如图 1-18 所示。单击相应的切换标签,就可以进入到相应的命令集合下,输入和调整参数都需要在命令面板中进行。

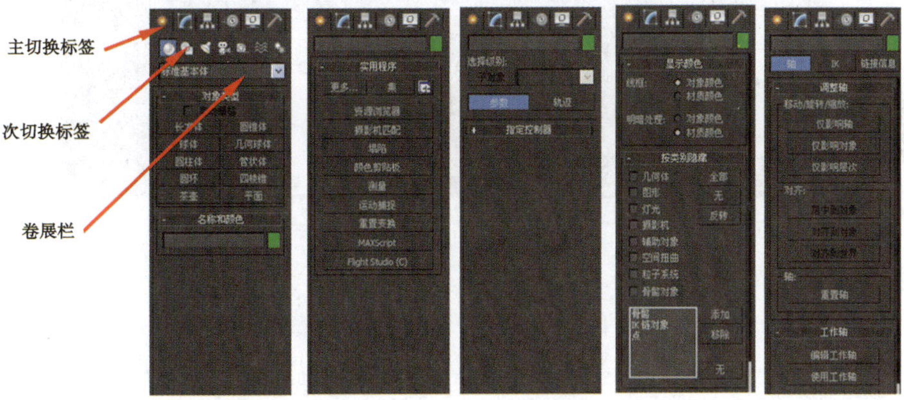

图 1-18　3ds Max 命令面板

1.4　动画设置区

动画设置区包括动画控制区、时间滑块和轨迹条,如图 1-19、图 1-20 所示。制作建筑效果图和室内装饰效果图时,很少用到这里的指令,在后面的学习项目中涉及本区时再做相关介绍。

1.5　提示及状态栏

提示及状态栏位于用户界面底部左下方,显示当前场景和活动命令的提示和信息。状态栏中的输入坐标区域经常使用,用来精确调整对象的变换细节,如图 1-21 所示。

图 1-19　动画控制区

图 1-20　时间滑块和轨迹条

图 1-21　提示及状态栏

1.6　视图区

视图区默认设置有上视图、前视图、左视图和透视图 4 个视口。

在任一视图左上角的三个选项中单击，即可弹出快捷菜单，可以设置当前视图显示对象的样式、更改任何可用的视图类型、控制栅格的显示等。每个视图的右上角也有各自的图标工具，可以对本视图进行相应的编辑，如图 1-22 所示。视图区在用户界面中的面积最大，建模、赋予材质、设置灯光和安装摄影机等操作都在视图区进行。

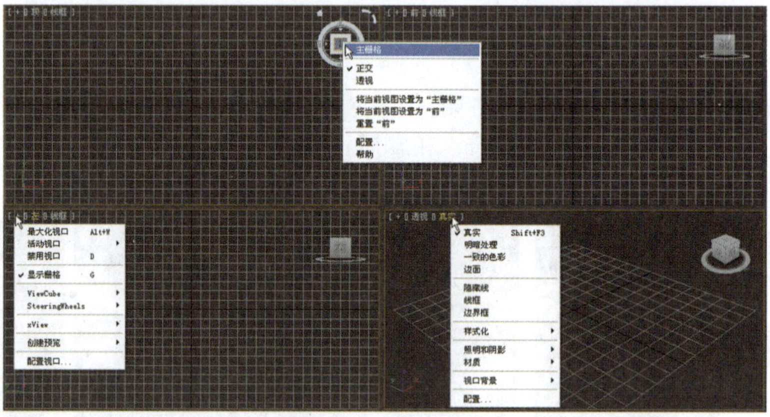

图 1-22　3ds Max 视图区

1.7　视图控制区

视图控制区位于用户界面右下角，用来控制视图的显示大小与角度，以满足不同的操作过程需要。视图控制区的工具按钮会随着激活不同的视图而发生改变。比如，当激活上视图、前视图、左视图等正交视图时，如图 1-23(a)所示；当激活透视图时，如图 1-23(b)所示；当激活摄影机视图时，如图 1-23(c)所示；当激活灯光视图时，如图 1-23(d)所示。

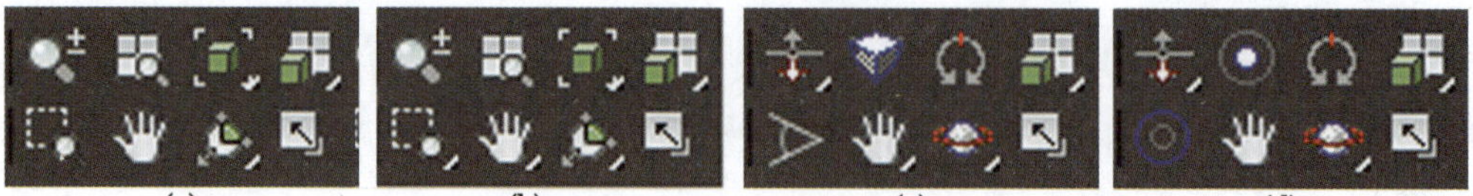

(a)　(b)　(c)　(d)

图 1-23

2 界面设置

3ds Max 用户界面是可以更改的,步骤如下:

步骤 1. 启动 3ds Max 2012 中文版,进入用户界面。

步骤 2. 单击【自定义】菜单/【自定义 UI 与默认设置切换器】命令,在弹出的对话框中,在【用户界面】一栏选择【Modular ToolbarsUI】,如图 1-24 所示。

步骤 3. 单击【应用】按钮,加载完自定义设置后,再单击【确定】按钮,3ds Max 系统即以【Modular ToolbarsUI】界面进行显示,如图 1-25 所示。

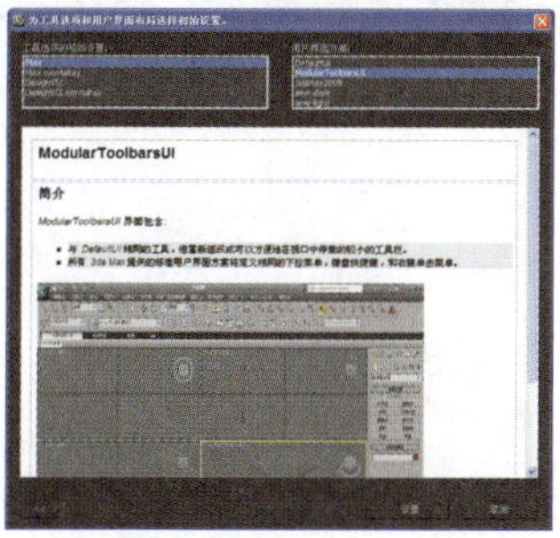

图 1-24 自定义用户界面

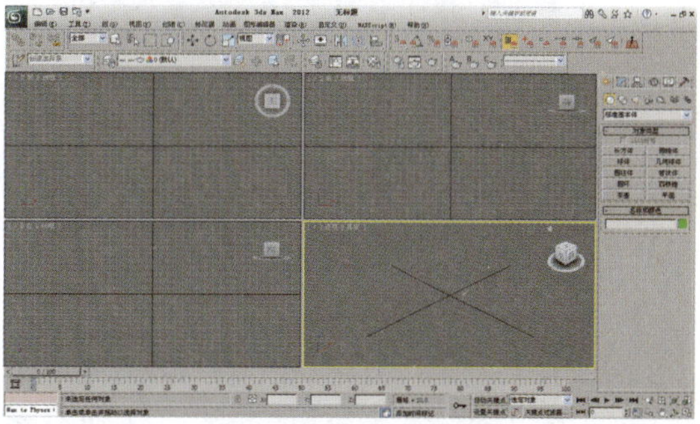

图 1-25 新界面

技巧提示:如果不喜欢这个界面,可以重新加载一个 UI 菜单,3ds Max 2012 提供了 5 个界面,用户可根据个人习惯、喜好等进行选择。

DefaultUI 是默认的设置。

任务 3 自定义视图布局、设置绘图单位、设置捕捉

1 自定义视图布局

打开 3ds Max,用户界面会显示默认的 4 个视图,在实际的效果图制作中,某些过程会重点使用其中一两个视图,因此需要学会自定义合适的视图布局,以方便操作、提高作图效率。自定义视图布局的步骤如下:

步骤 1. 单击【视图】菜单,选取【视口配置】命令。

步骤 2. 在对话框中选取【布局】选项,打开如图 1-26 所示的窗口。

步骤 3. 对话框上方排列出两排共 14 种视图布局形式,四边呈高亮状态的为当前布局,下方对应的是当前布局的放大预览图。

选取并预览理想的视图布局,单击【应用】按钮,电脑屏幕上出现自定义的视口效果,如果满意就单击【确定】按钮,相应的视图效果如图 1-27 所示。

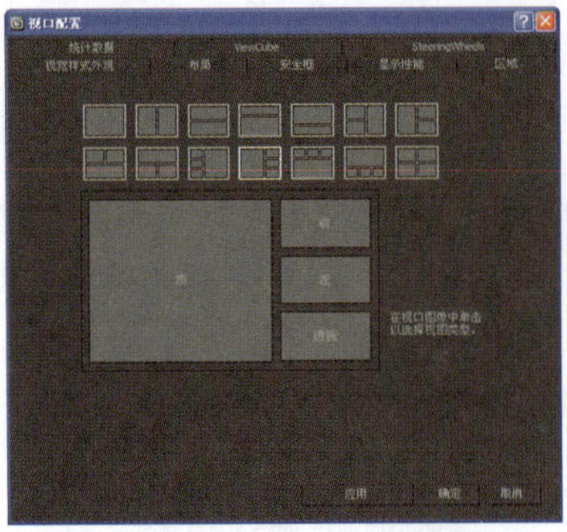

图 1-26　【视口配置】面板

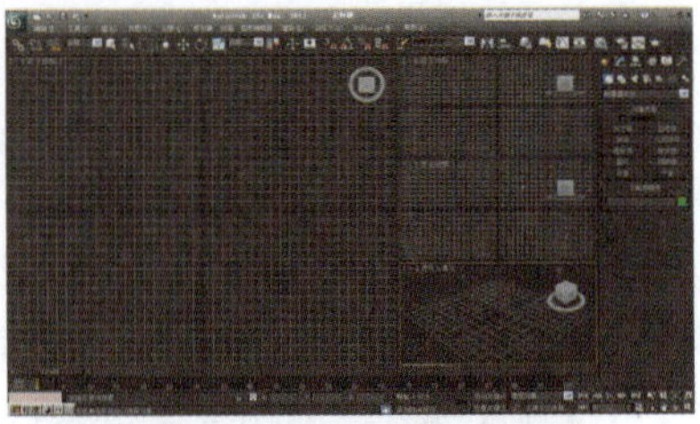

图 1-27　新视图布局

2　设置绘图单位

制作建筑效果图和室内装饰效果图时，首先要设置绘图单位。

具体操作如下：

步骤 1. 选择【自定义】菜单，调出【单位设置】对话框。

步骤 2. 点选【系统单位设置】按钮/【系统单位设置】对话框/【系统单位比例】选项，将默认的【英寸】切换成【毫米】，如图 1-28 所示。

系统单位是建模本身的实际尺寸，光源的照明强度和场景尺寸有密切联系，比如同一个灯泡照射 10 m^2 的卧室和照射 40 m^2 的客厅，照明效果是不同的。

因此，正确设置系统单位和按照实际尺寸建模，对以后的灯光安排和渲染十分重要。

步骤 3. 返回【单位设置】对话框，在【显示单位比例】面板中，点选【公制】选项，将单位设置为【毫米】，如图 1-29 所示。

显示单位是电脑显示建模的单位，3ds Max 提供了公制、美国标准、自定义、通用单位四个选项。

根据国内情况，建议使用【公制】系统。大场景可以使用【米】为具体的显示单位，小场景则可使用【厘米】为单位。如果需要精确地建模，则把单位设置为【毫米】。

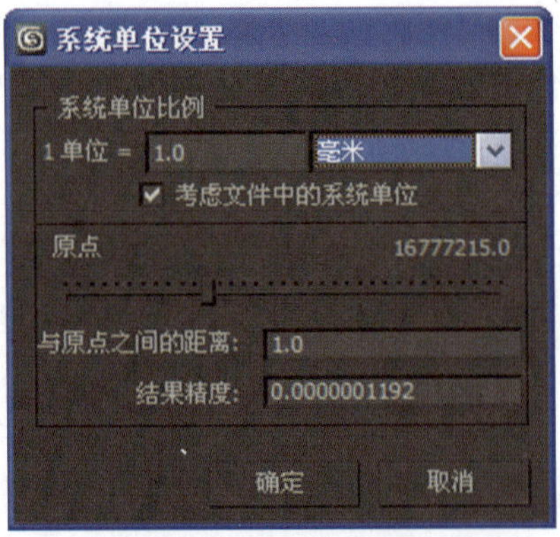

图 1-28　系统单位设置

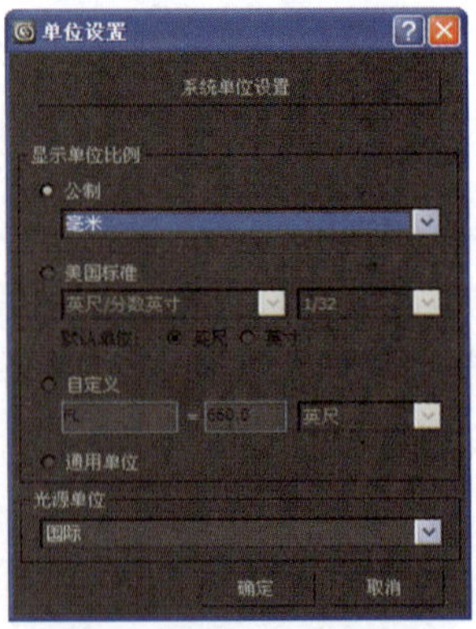

图 1-29　显示单位设置

技巧提示：在建筑效果图和室内外效果图制作中，一般使用毫米作为系统单位，显示单位比例和系统单位一般保持一致。

3　设置捕捉

为快速精确地创建对象，提供了多种捕捉形式，在每种捕捉中，都可以捕捉到一些特定的元素。效果图制作中常用的有三种形式：对象捕捉、角度捕捉和百分比捕捉。下面分别介绍各自的功能。

3.1　对象捕捉

用于创建和变换物体或子物体过程中，捕捉对象特定的部分。可以捕捉栅格，也可以捕捉顶点、中点、面、垂足等元素。对象捕捉有 2D、2.5D、3D 三种模式，为捕捉提供处于活动状态位置的空间控制范围。

（1）2D 捕捉：只捕捉激活网格面上满足设置条件的点，Z 轴或垂直轴被忽略，通常用于平面图形捕捉。

（2）2.5D 捕捉：仅捕捉活动栅格上对象投影的顶点或边缘。

（3）3D 捕捉：这是默认设置。光标直接捕捉到 3D 空间中的任何几何体，用于创建和移动所有尺寸的几何体，可以捕捉三维空间内所有满足捕捉条件的点。

在精确建模前，将光标置于主工具栏上的【捕捉开关切换】工具按钮/单击右键/调出【栅格和捕捉设置】对话框，如图 1-30 所示，上面设置了哪些对象可以被捕捉，根据需要可以勾选相应的类别。不同的捕捉对象，具有各自的捕捉功能，如表 1-1 所示。

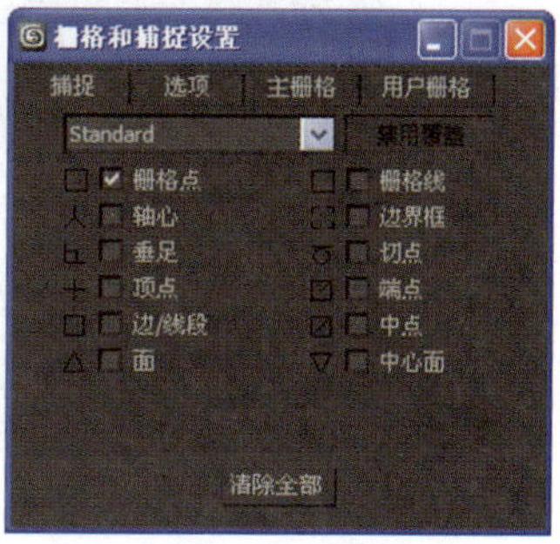

图 1-30　对象捕捉

表 1-1　捕捉对象与捕捉功能

捕捉项	具体捕捉功能	捕捉项	具体捕捉功能
栅格点	捕捉栅格的交叉点	栅格线	捕捉栅格线
轴心点	捕捉物体的轴心点	边界框	捕捉物体边界框八个角
垂足	绘制曲线时，捕捉与上一次垂直的点	切点	捕捉样条曲线上的相切点
顶点	捕捉网格物体或可编辑网格物体的顶点	端点	捕捉样条曲线或物体边界端点
边/线段	捕捉物体边界、边或线段	中点	捕捉样条曲线或物体边界中点
面	捕捉物体表面上的点，背面的点除外	中心面	捕捉三角面的中心

技巧提示：尽管对象捕捉形式多样，但在建模过程中设置捕捉点也不宜过多，太多会干扰点的捕捉，容易造成建模失误。

3.2　角度捕捉

用于设定对象进行旋转时，可以一次性转动的角度。

将光标置于主工具栏上的【角度捕捉切换】工具按钮/单击右键/打开【栅格和捕捉设置】对话框，在【角度】一栏输入所需的度数，比如设定 45.0 度，如图 1-31 所示。然后单击主工具栏上的【角度捕捉切换】工具按钮，或者按键盘 A 键，那么对象旋转时只能保持 45.0 度旋转角，保证了旋转的精确性。

3.3　百分比捕捉

使比例缩放按固定的增量进行，即按照指定的百分比进行缩放。

将光标置于主工具栏上的【百分比捕捉切换】工具按钮/单击右键/打开【栅格和捕捉设置】对话框，如图 1-32 所示。【百分比】一栏默认为 10.0%，在此可输入特定的数值。这是个通用捕捉系统，该系统用于涉及百分比的任何操作，如缩放和挤压。然后单击主工具栏上的【百分比捕捉切换】工具按钮，或者按键盘 Shift + Ctrl + P 键，那么对象被编辑时，百分比将按既定的数值改变。

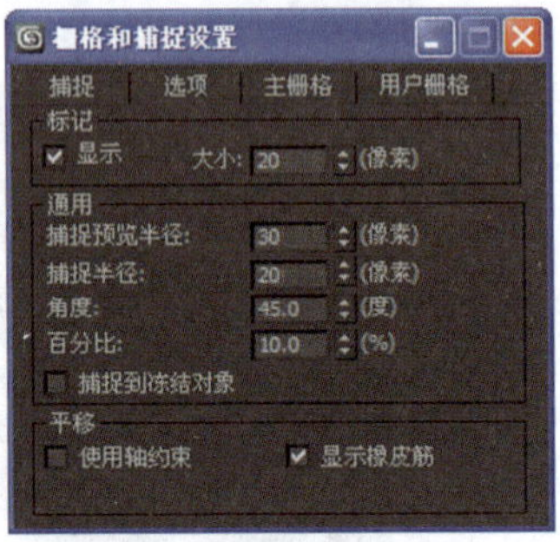

图 1-31　角度捕捉

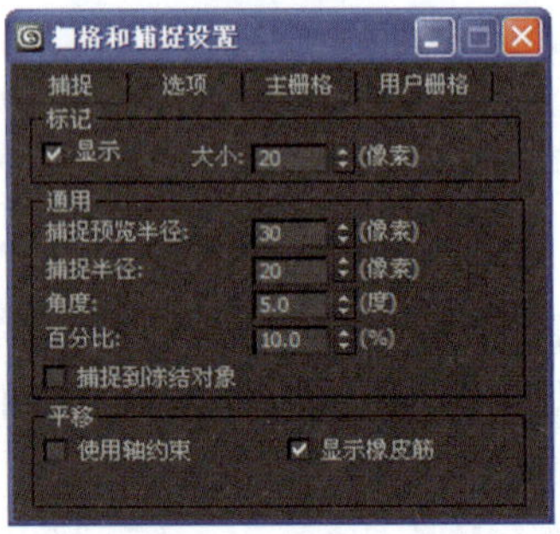

图 1-32　百分比捕捉

任务 4　常用工具功能介绍与使用

学习各种坐标系的概念，复制物体的方法，阵列、镜像、对齐和变换工具的使用。

1　各种坐标系的概念

3ds Max 为用户提供了多种坐标系，在主工具栏中单击【参考坐标系】视图按钮，弹出下拉式列表，显示各种坐标系。用户使用不同的坐标系类型，将影响到坐标轴的方位。

（1）世界坐标系：位于各视图左下角，其坐标原点位于视图中心。面对用户界面，X 为水平方向、Y 为垂直方向、Z 为景深，该坐标系永远不会变化。

（2）屏幕坐标系：本坐标系用被激活的视图来定义坐标轴方向，X 轴将永远在被激活视图的水平方向，Y 轴将永远在被激活视图的垂直方向，Z 轴将永远垂直于屏幕。

（3）视图坐标系：混合使用世界坐标系与屏幕坐标系。其中，在正交视图（如前视图、俯视图、左视图、右视图等）中使用屏幕坐标系，而在透视图等非正交视图中使用世界坐标系，如图 1-33 所示。

（4）局部坐标系：使用所选物体本身的坐标系。物体本身的坐标系由其轴点决定，但

图 1-33　视图坐标系

是通过在【层次】命令面板中的【仅影响轴】按钮，然后利用【选择并移动】、【选择并旋转】工具可调整物体的轴点，将轴心调整到合适位置，可使用相关命令制作特定的三维模型。

(5)拾取坐标系：选择该项后，单击视图中任意物体，可将该物体的坐标系设置为当前坐标系。此坐标系使用被选择物体本身的坐标轴向。

(6)父对象坐标系：工作方式与拾取坐标系相同，只不过它使用的是选定对象的父对象的坐标轴，如果此对象没有父对象，则将以世界坐标系为准。

(7)栅格坐标系：在视图窗口，用户可以通过设置长度、宽度和间距，来创建一个栅格对象。此栅格对象被激活后，当用户选择栅格坐标系时，创建的对象将使用与栅格对象相同的坐标系统。

(8)万向坐标系：可以与【Euler XYZ 旋转控制器】一同使用。它与局部坐标系类似，但其 3 个旋转轴不一定互相之间成直角。对于移动和缩放变换，【万向】坐标与【父对象】坐标相同。如果没有为对象指定【Euler XYZ 旋转控制器】，则【万向】坐标系的旋转与父对象坐标系的旋转方式相同。

(9)工作坐标系：可以通过【层次】命令面板/【轴】类别/【工作轴】选项来自定义坐标系。

技巧提示：默认的视图坐标系是最有用、最常用的坐标系，如果不希望更改坐标系，可以执行【自定义】菜单/【首选项】命令，在【常规】选项卡的【参考坐标系】组中勾选【恒定】选项。

2　复制物体的方法

2.1　克隆对象

在建筑效果图和室内效果图建模中，一个重要而快捷的建模方法就是克隆对象。克隆的对象可以作为精确的复制对象直接使用，也可以作为进一步建模的主要部分，稍作修改即可使用。

克隆对象的方法有两种。其一是从【编辑】菜单栏中选取【克隆】命令，对话框如图 1-34所示。其二是按住 Shift 键，执行移动变换操作，对话框如图 1-35 所示。

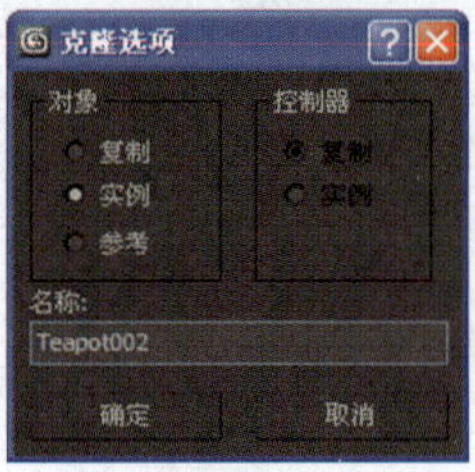

图 1-34

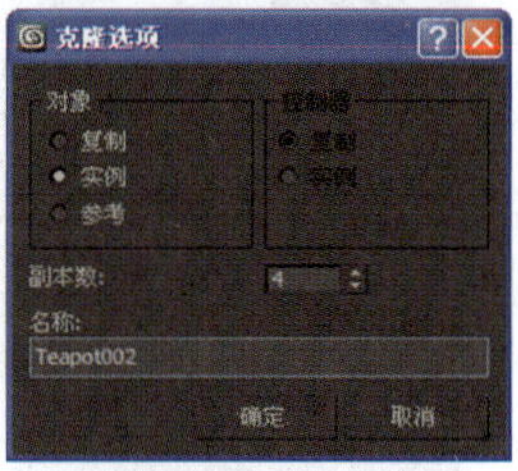

图 1-35

使用任一方法操作，都会提示用户选择克隆类型。

克隆的 3 种类型，内容不同，如下所述：

（1）【复制】选项：克隆一个与原始对象完全无关的复制品。

（2）【实例】选项：克隆出的对象与原始对象有密切联系。例如，使用【实例】选项克隆一个长方体，那么，改变其中一个长方体的大小，另外一个也随之改变。使用【实例】选项克隆的对象，比使用【复制】选项克隆的对象需要更少的内存和磁盘空间，使文件装载和渲染的速度要快一些。

（3）【参考】选项：是【实例】选项的变异。在某种情况下，【参考】选项与克隆对象的关系是单向的。例如，给使用【参考】选项克隆的对象增加一个编辑修改器，那么它将不影响原始的对象。使用【参考】选项复制的对象往往用于面片一类的建模过程。

两种克隆方法相比，第二种多了一个克隆对象数量的选项【副本数】。例如，按住 Shift 键，选定一个轴向如 Y 轴，用【选择并移动】工具点选茶壶盖并移动一段距离后，输入特定的【副本数】，比如 4，单击【确定】按钮。4 个新茶壶盖将以上述移动距离为准，等距沿 Y 轴方向延伸阵列，如图 1-36 所示。

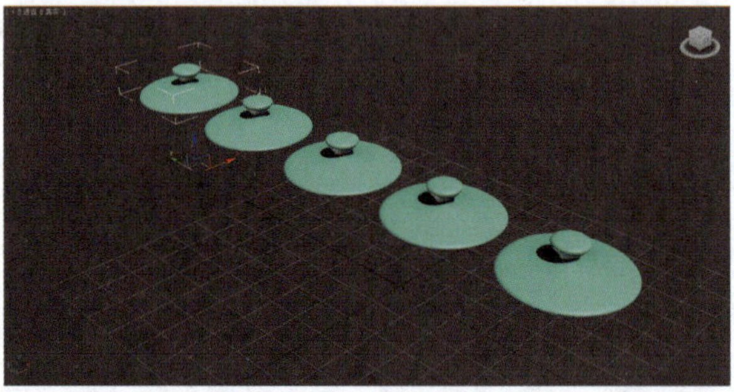

图 1-36　克隆对象

2.2　阵列工具的使用

【阵列】工具是 3ds Max 中一个非常重要且功能强大的复制工具，它先通过在【阵列】对话框中设置好相应的数值，而后一次性复制出所有的物体。在【自定义】菜单中选择【显示 UI】/调出浮动工具栏/单击【阵列】工具，或在【工具】菜单中选择【阵列】命令，都可以调出对话框。

【阵列】对话框内容主要分为 3 个部分，如图 1-37 所示。

(1)【阵列变换:世界坐标】区域:提示在阵列时使用哪个坐标系和轴心点;选择使用位移、旋转和缩放中的哪种变换形式进行阵列,以及设定阵列数量;提供设置计算数据的方法,是使用增量计算,还是使用总量计算等。

(2)【对象类型】区域:决定阵列时的克隆类型。

(3)【阵列维度】区域:决定阵列在哪个维度展开和在各自阵列维度上不同轴向的增量偏移数值。

【阵列】操作在建筑效果图和室内效果图的建模中经常用到,以下通过简单的建模说明具体操作方法。

2.2.1　直线楼梯的主体建模

通过【阵列】命令,制作一个直线楼梯的主体建模,步骤如下:

步骤 1.【创建】命令/【标准基本体】/【基本类型】/【长方体】,创建一个长、宽、高分别为 500 mm、2 000 mm、200 mm 的长方体,当作一个踏步。

步骤 2. 选择长方体/【工具】菜单/【阵列】,弹出阵列对话框。

步骤 3. 在【阵列维度】区域的【数量】选项中,输入 8。选取【阵列变换:世界坐标】区域/【增量】选项/【移动】栏,在 Z 轴方向输入踏步高度 200,在 Y 轴方向输入踏步长度 500,参数设置如图 1-37 所示,单击【确定】按钮,阵列效果如图 1-38 所示。

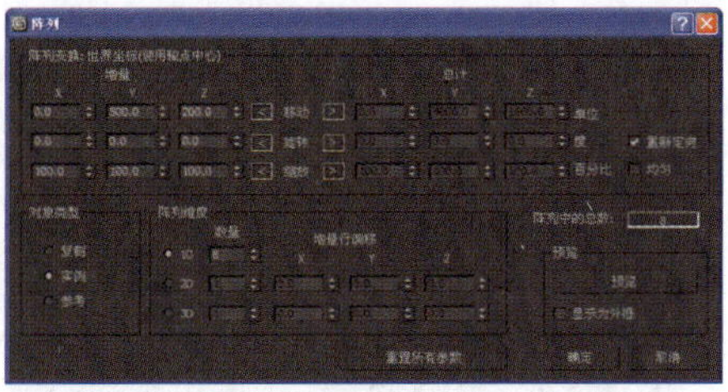

图 1-37　【移动】阵列参数设置

图 1-38　【移动】阵列效果

以上示例是【移动】阵列的用法。【旋转】和【缩放】阵列的用法类似,先选取合适的阵列轴向,然后设置使用角度或者百分比的增量或者总量。

下面制作一个吸顶灯具的基础建模,说明【旋转】阵列的用法。需要注意的是,在应用【旋转】阵列之前一般先要改动对象的轴心位置,将其移到旋转阵列的环绕中心。

2.2.2　旋转阵列

步骤 1. 点选【创建】命令/【几何体】/【标准基本体】/【基本类型】/【球体】,在视图中单击一点进行拖拽,创建一个小球;再选择【圆柱体】紧挨着小球创建一个圆盘。

步骤 2. 选定小球,选取【层次】命令面板/【轴】选项/【仅影响轴】按钮,然后用【选择并移动】工具,将小球的坐标轴移到中间圆盘的中心。退出【层次】命令。

步骤 3. 选择小球,选取【工具】菜单/【阵列】工具,在阵列对话框中,在【总计】区域 Z 轴上设置旋转角度为 360,设置【阵列中的总数】为 12,其余为默认设置,如图 1-39 所示。单击【确定】按钮,阵列效果如图 1-40 所示。

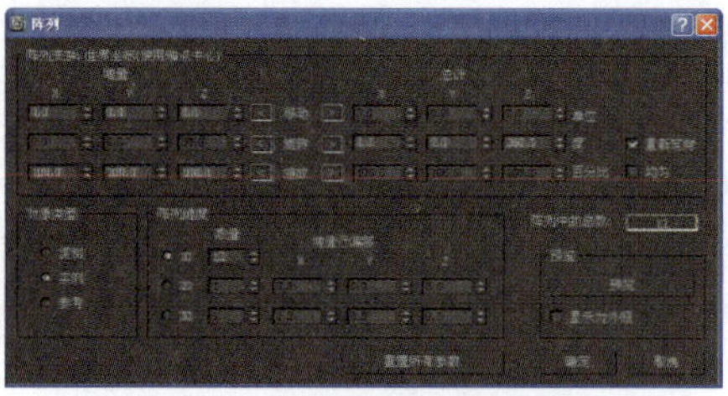

图 1-39　旋转阵列参数设置

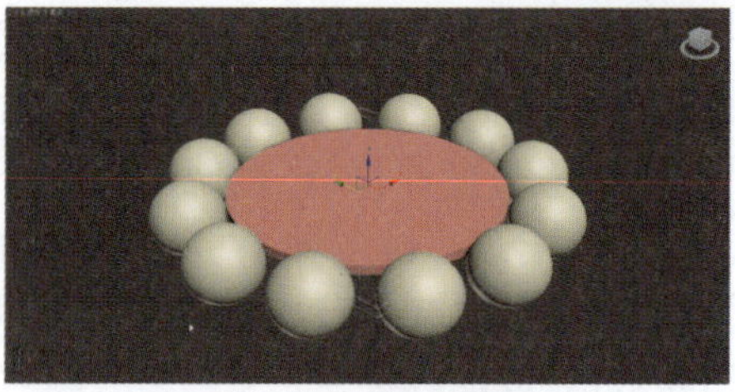

图 1-40　旋转阵列效果

技巧提示:使用【阵列】工具时,选择【增量】还是【总量】要以省心为原则。

3　镜像工具的使用

【镜像】工具可以创建选定对象的多种克隆形式,也可以对指定对象执行单一的镜像操作,不复制对象,只改变当前对象的位置和方向。

在视图中创建一个茶壶,激活【镜像】对话框,可以设置【镜像轴】、镜像【偏移】距离和克隆方式。在确定到应用之间,视图中会出现相应的预览效果,可以边预览边调整参数。参数设置如图 1-41 所示,镜像效果如图 1-42 所示。

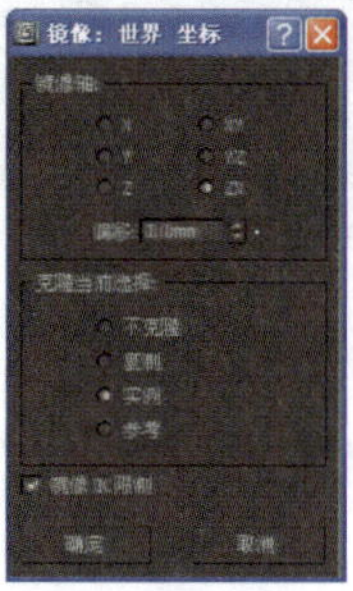

图 1-41　镜像参数设置

图 1-42　镜像效果

4　对齐工具的使用

使用【对齐】工具可以让源对象与目标对象在指定的方式下进行对齐。

下面我们通过将任务一中的装饰瓶放置在桌面中心位置,说明【对齐】工具的具体用法。

步骤 1. 选定对齐的源对象装饰瓶。

步骤 2. 单击主工具栏上的【对齐】工具按钮。

步骤 3. 点选【对齐】的目标对象长方体桌面,出现【对齐当前选择】对话框。

步骤 4. 设置【对齐】方式和【对齐】轴向,【对齐】效果可以在视图中预览,满意后点击【确定】按钮。参数设置如图 1-43 所示,对齐效果如图 1-44 所示。

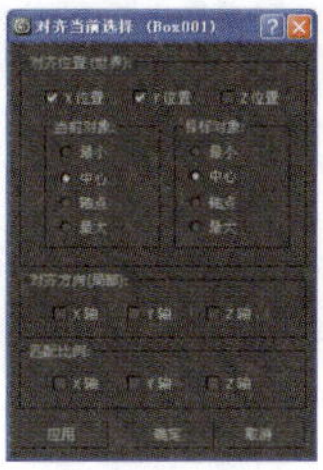

图 1-43 对齐参数设置

图 1-44 顶视图中的对齐效果

5 变换工具的使用

在建模过程中，需要调整对象的位置、方向或比例，经常会使用移动、旋转和缩放三种操作。【选择并移动】工具、【选择并缩放】工具和【选择并旋转】工具是默认的三大变换工具。下面介绍各自的使用方法。

5.1 选择并移动工具

主工具栏中的【选择并移动】按钮用来选择和移动对象，移动对象时，方向受 X、Y、Z 单一轴向或任意两个组合轴向的约束。

根据建模位置的需要，可以在【自定义】菜单中选择【显示 UI】，调出【轴约束】浮动工具栏，进行轴向的选取，也可以使用更便捷的【变换 Gizmo】工具。

【变换 Gizmo】工具是视口图标，只需将光标放置在需要移动的轴向上，如在 XZ 平面上自由移动，将光标置于轴心正方形的右上角拖移即可，如图 1-45 所示。使用【变换 Gizmo】工具可以在不同变换轴之间快速而轻松地进行切换。

需要精确地移动对象到特定位置或移动一个距离时，在【选择并移动】工具按钮上按下鼠标右键，可以调出【移动变换输入】对话框，如图 1-46 所示。左栏为对象当前的位置坐标，在右栏可以设置相对于当前位置的 X、Y、Z 方向的位移量。

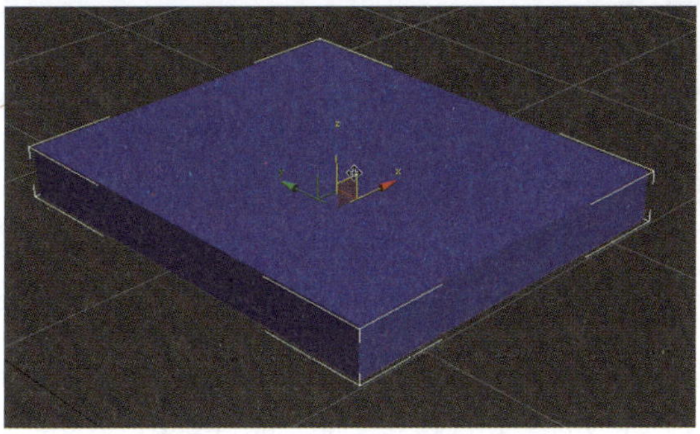

图 1-45 【变换 Gizmo】工具

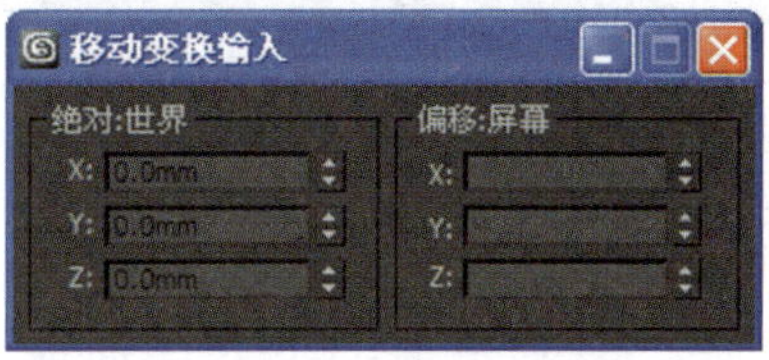

图 1-46 【移动变换输入】对话框

在状态栏中，也可以执行同样的操作，如图 1-47(a)所示，这是选定对象的绝对坐标。更改当前的绝对坐标，将 X、Y、Z 三个方向的数值均设为 0，如图 1-47(b)所示，结果精确移动了对象的位置。

5.2 选择并缩放工具

【选择并缩放】工具提供了三种工具来改变对象的大小。

(a) 原绝对坐标　　(b) 新绝对坐标

图 1-47　绝对坐标

(1)【选择并均匀缩放】工具:即可以做 X、Y、Z 3 个轴向不变形的同比缩放,也可以做 X、Y 、Z 、XY 、XZ 、YZ 6 个方向的变形缩放。

(2)【选择并非均匀缩放】工具:只可以做 X、Y 、Z 、XY 、XZ 、YZ 6 个方向的变形缩放,绝对做不到不变形的同比缩放。

(3)【选择并挤压】工具:挤压产生的缩放效果很有特点,挤压对象时一个轴向上按比例缩小,同时在另一个轴向上均匀地按比例放大。

使用这三种方式时,除【选择并挤压】工具必须在主工具栏上进行选择后操作外,其他两种可直接通过缩放【变换 Gizmo】进行,如执行均匀缩放,在其中心处拖动;拖动平面控制柄或在一个轴上拖移即产生【非均匀缩放】效果,在 YZ 平面上或 Y 轴上则执行【非均匀缩放】,如图 1-48 所示。在球体的 Z 轴方向向下拖移,球体只在纵向收缩,成为一个直径不变的铁饼。

另外需要说明的是,【选择并挤压】工具同样可以使用缩放【变换 Gizmo】控制变形方向,使用方法与其他两种工具相同。

在【选择并均匀缩放】工具按钮上按下鼠标右键,可以调出【缩放变换输入】对话框,如图 1-49 所示,通过数值输入来精确缩放对象。

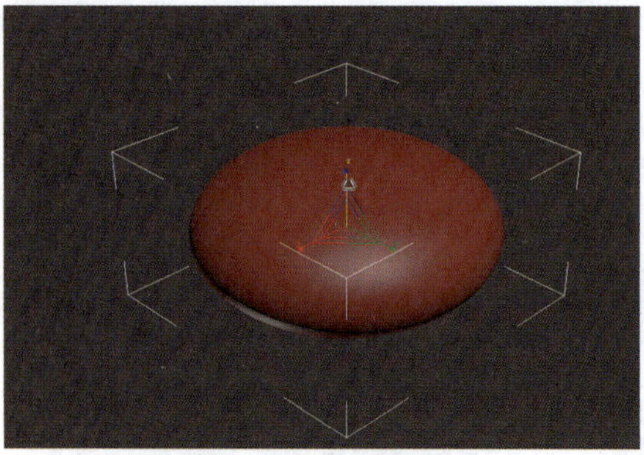
图 1-48　【非均匀缩放】效果

图 1-49　【缩放变换输入】对话框

5.3　选择并旋转工具

点选【选择并旋转】工具,单击对象,拖拽鼠标进行旋转。

旋转方法有三种:①可以方便地使用【变换 Gizmo】工具指定方向,进行自由角度的旋转。在透视图中,旋转【变换 Gizmo】是个球形的线框架,随着光标位置的不同,对象绕着不同轴向进行旋转,当围绕 X、Y、Z 轴旋转时,有一个透明切片直观示意旋转方向和旋转量,转过了 360°,切面会重叠遮挡,颜色透明度降低。该系统还显示数据,来表示精确的旋转数量,如图 1-50 所示。②也可以右击【栅格与捕捉设置】按钮,在对话框的【选项】面板中,设定特定角度进行精确的旋转。③还可以右击【选择并旋转】按钮,调出对话框,如图 1-51 所示,设置旋转的精确数值。

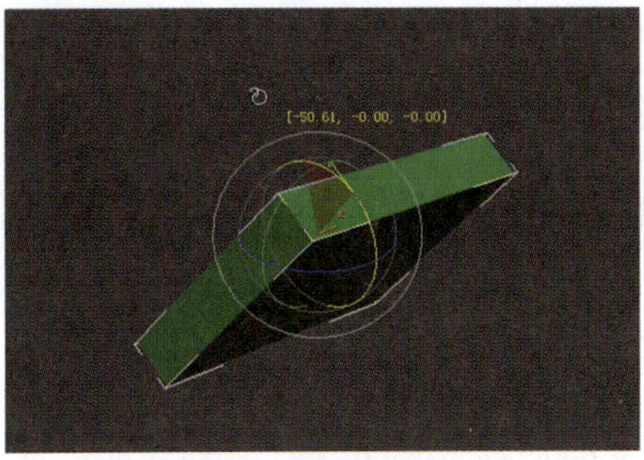

图1-50　旋转【变换 Gizmo】

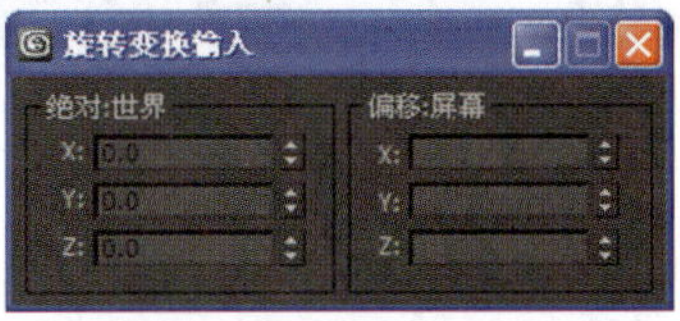

图1-51　【旋转变换输入】对话框

使用【选择并旋转】工具时,还会关联到主工具栏上的【使用轴点中心】工具,它有三种形式:【使用轴点中心】、【使用选择中心】、【使用变换坐标中心】。

(1)【使用轴点中心】:围绕各自的轴点中心旋转一个或多个对象。

(2)【使用选择中心】:围绕多个对象共同的几何中心旋转,3ds Max 会自动计算所有选定对象的平均几何中心,并将这个平均几何中心作为旋转变换中心。

(3)【使用变换坐标中心】:围绕当前坐标系的中心旋转,若使用拾取功能将其他对象指定为坐标系,则坐标中心是此对象轴的位置,用这种方法就可以使一个对象围绕一个指定对象的轴进行旋转。

技巧提示:使用【变换 Gizmo】工具注意一定要等轴向变黄色的时候,再进行移动。当其消失时,按键盘 X 键即可恢复显示。按键盘上的【 - 】和【 + 】键,可以调节操纵轴的显示大小。

项目 2　基础建模(二维图形建模)

【知识要点】

二维生成三维的几种方法:Extrude(拉伸)、Bevel(倒角)、Lathe(旋转)、Bevel Profile(轮廓倒角);修改器堆栈的使用。

【教学目标】

通过几个任务案例,掌握创建各种二维图形的命令和参数;掌握 Edit Spline(编辑曲线样条)命令的使用方法和对子物体的编辑方法;熟悉应用 Extrude(拉伸)、Bevel(倒角)、Lathe(旋转)、Bevel Profile(轮廓倒角)命令生成三维物体。

任务 1　二维图形的创建

创建二维图形的命令和参数

步骤 1. 启动 3ds Max 2012 中文版,将单位设置为毫米。

步骤 2. 在【创建】命令面板中进入【图形】子面板,点击【线】按钮(见图 2-1)。

步骤 3. 在【创建方法】卷展栏中选择创建方式(见图 2-2)。

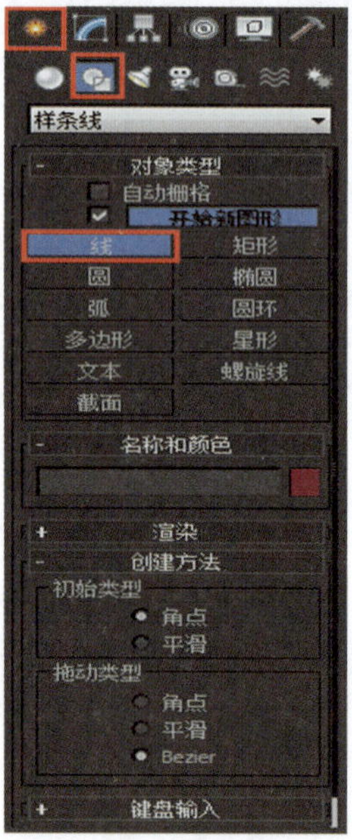

图 2-1

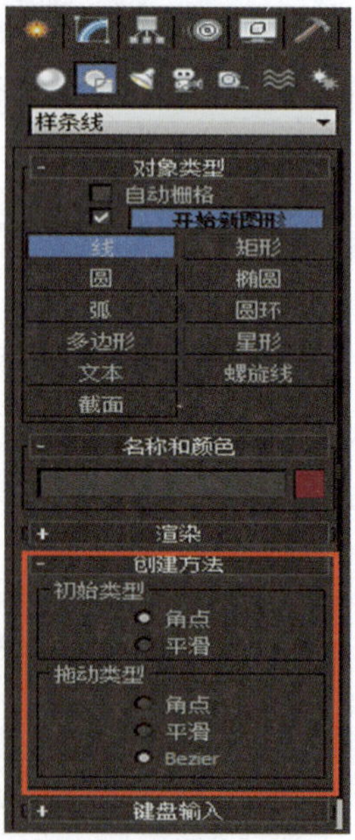

图 2-2

步骤 4. 在前视图的任意位置单击鼠标左键,确定【线】的起始点,然后移动鼠标,随着鼠标的移动产生一条线段,此时再次点击鼠标左键即可获得一条线段(见图 2-3)。

技巧提示:如果要创建封闭的线,可以把最后一条线段的终点放在线的起始点上,在弹出的【样条线】对话框中单击【是】按钮。

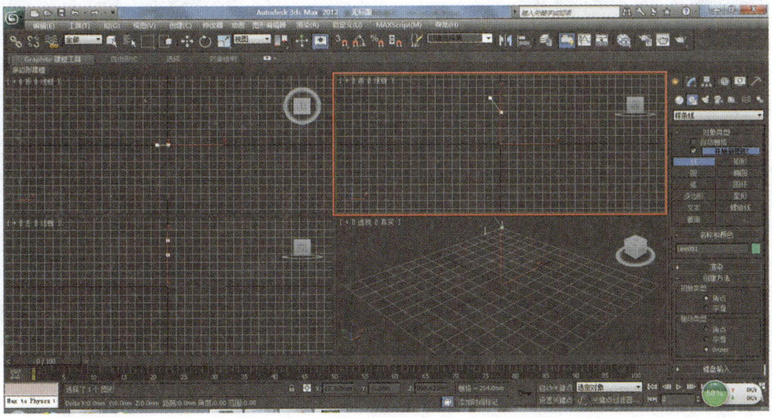

图 2-3

步骤 5. 重复上一步的操作,继续创建线段(见图 2-4)。

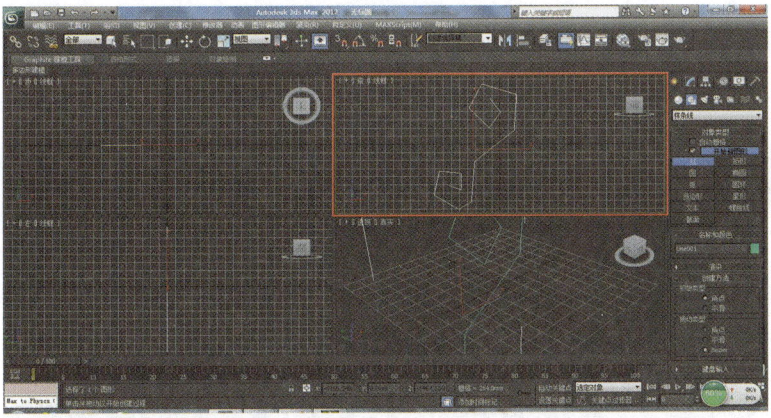

图 2-4

步骤 6. 点击按钮,选择【保存】按钮,将制作好的线保存为"实例 2-1"。

技巧提示:在线对象中包含 5 个参数卷展栏:①【名称和颜色】卷展栏:用来设置线的名称和颜色;②【渲染】卷展栏:用于设置线是否可以被渲染,以及设置渲染参数;③【插值】卷展栏:用于设置线的步数和属性;④【创建方法】卷展栏:用于设置线的创建方式;⑤【键盘输入】卷展栏:使用键盘输入法创建曲线(见图 2-5、图 2-6)。

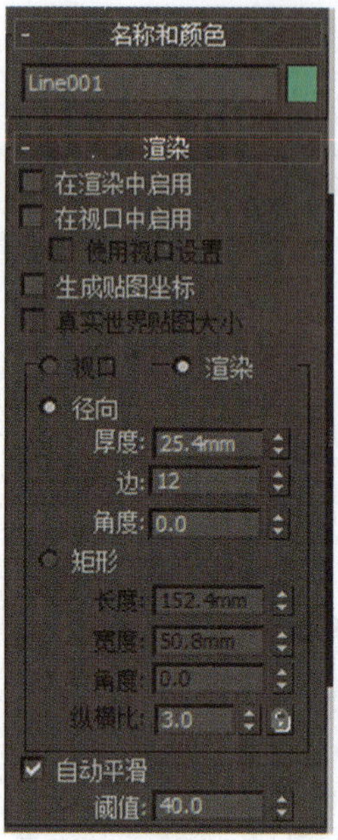

图 2-5

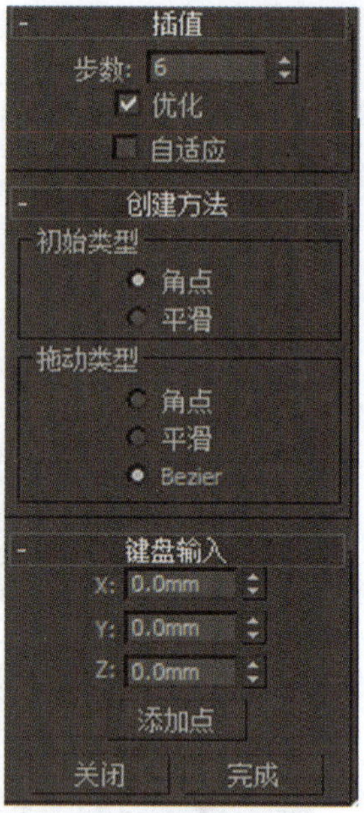

图 2-6

任务 2　室内扶梯的制作

步骤 1. 启动 3ds Max 2012 中文版，打开“实例 2-1”。

步骤 2. 选中前视图，点击最大化视口切换按钮将其最大化，选中曲线 001，点击鼠标右键，将其转换为【可编辑样条线】(见图 2-7)。

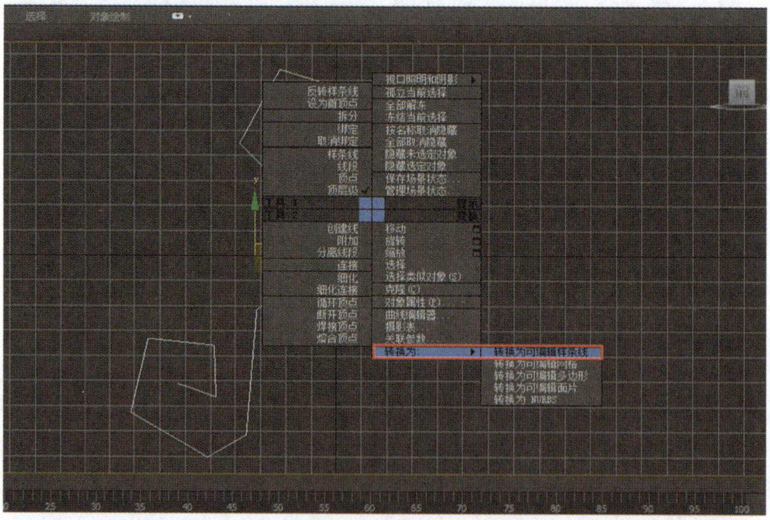

图 2-7

步骤 3. 选“1”键，进入【顶点】层级，调整各个顶点的位置(见图 2-8)。

步骤 4. 打开【几何体】卷展栏，点击【圆角】按钮，将各个顶点进行圆角设置(见图 2-9)。

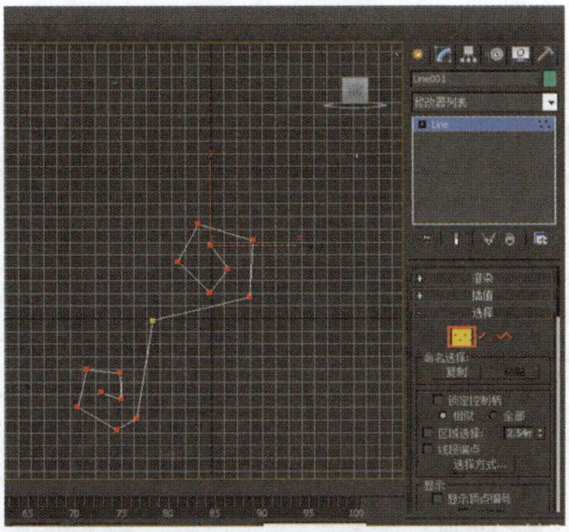

图 2-8

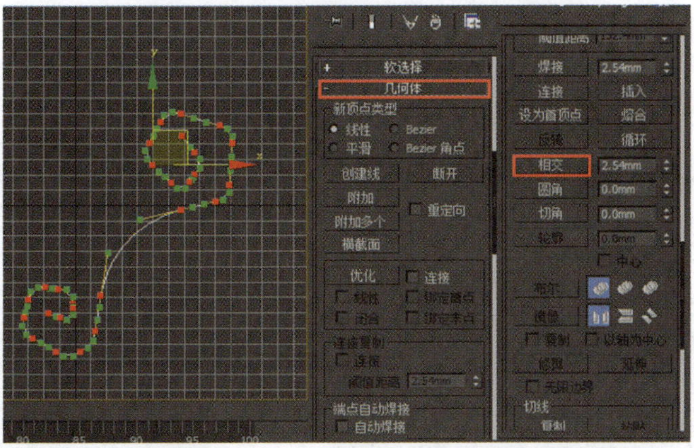

图 2-9

步骤 5. 打开【渲染】卷展栏,进行相应设置(见图 2-10)。

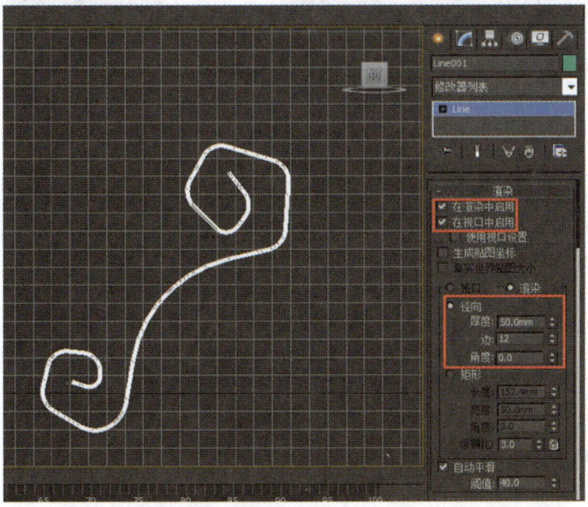

图 2-10

步骤 6. 选中曲线 001，点击【镜像】按钮，将其镜像（见图 2-11）。

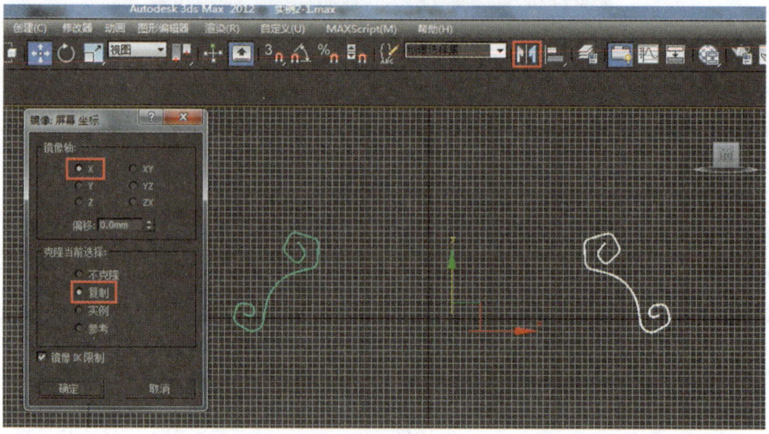

图 2-11

步骤 7. 调整曲线位置，并对其进行镜像，得到相应模型（见图 2-12）。

步骤 8. 在前视图中创建一条线，调整其位置（见图 2-13）。

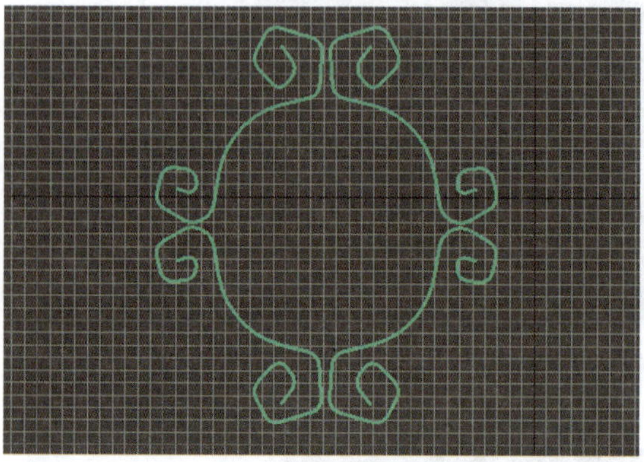

图 2-12

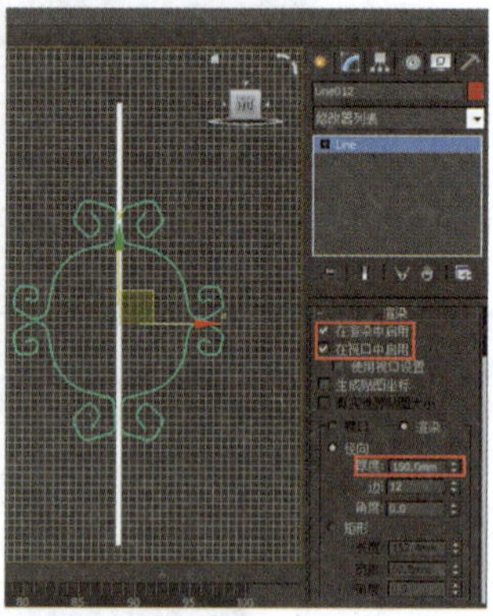

图 2-13

步骤 9. 用相同方法创建若干条线，调整其位置，形成相应模型，并将其成组（见图 2-14）。

技巧提示：在默认状态下，二维线在视图中和渲染时是看不见的，必须勾选【渲染】卷展栏下的【在视口中启用】和【在渲染中启用】复选框，二维线才可以显示出来。调整【厚度】的数值大小可以改变线形的粗细。

步骤 10. 在前视图中创建样条线 006，并调整其位置（见图 2-15）。

步骤 11. 选中样条线 006，点击（修改）按钮，打开【修改器列表】下拉菜单，选择【挤出】命令，设置相应参数（见图 2-16）。

步骤 12. 复制【组 001】并调整其位置，得到最终模型，保存为“实例 2-2”（见图 2-17）。

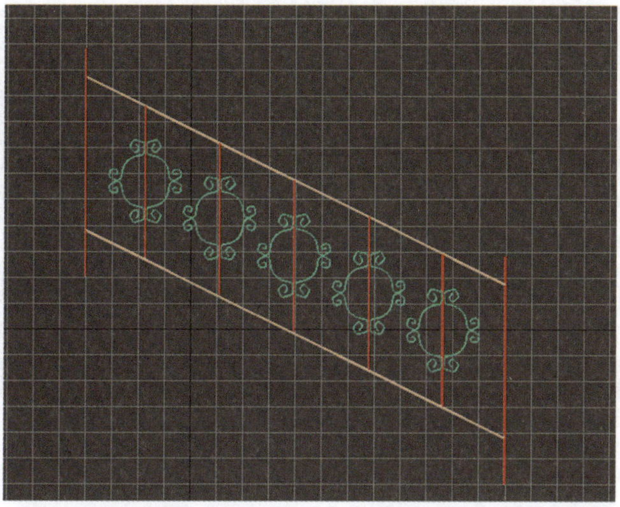

图 2-14

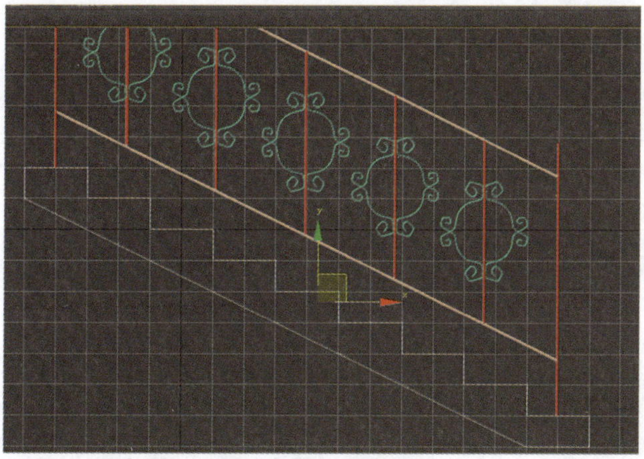

图 2-15

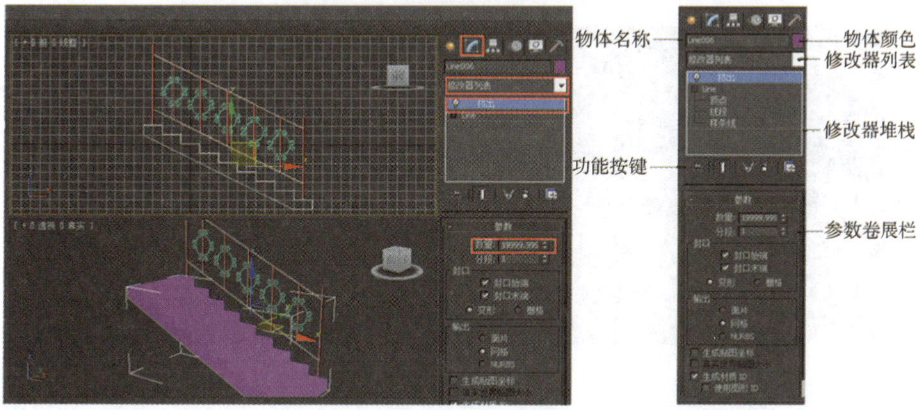

图 2-16

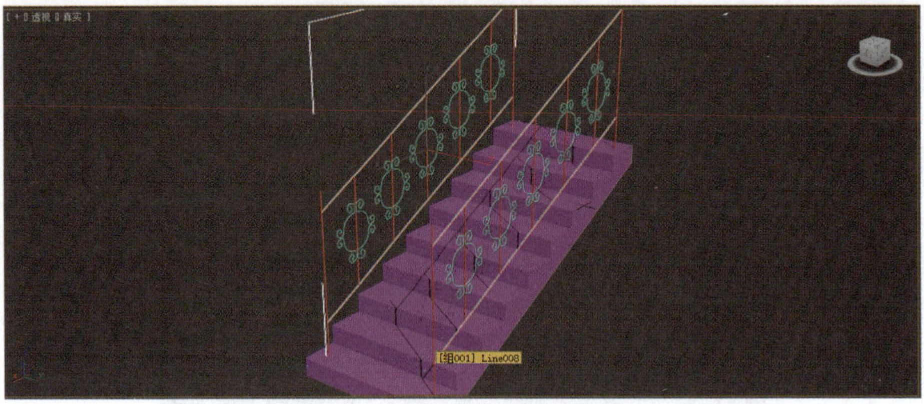

图 2-17

任务 3　餐具组合

步骤 1. 启动 3ds Max 2012 中文版,将单位设置为毫米。

步骤 2. 在【创建】命令面板中进入【图形】子面板,点击【线】按钮,在前视图中绘制盘子的剖面线(见图 2-18)。

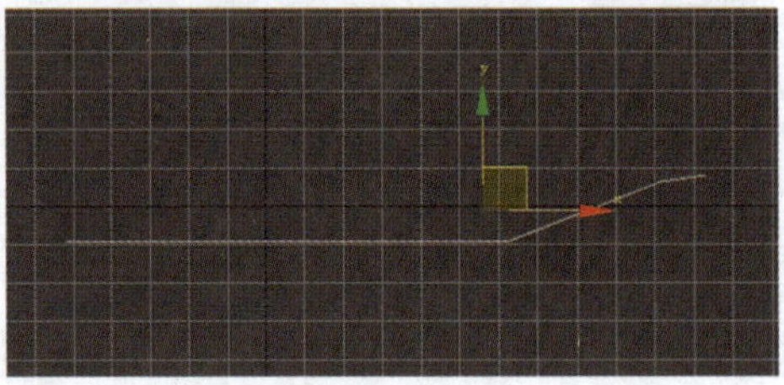

图 2-18

步骤 3. 单击【修改】按钮,进入【样条线】层级,为绘制的线添加一个轮廓(见图 2-19)。

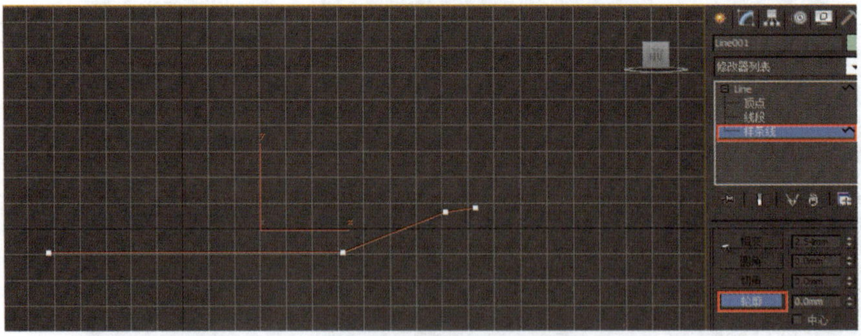

图 2-19

步骤 4. 进入【顶点】层级,选择各个顶点,单击【圆角】按钮,把直角变成圆角。

步骤 5. 在【修改器列表】中执行【车削】命令,勾选【焊接内核】复选框,将【分段】设置为 40,单击【对齐】选项中的【最小】按钮(见图 2-20)。

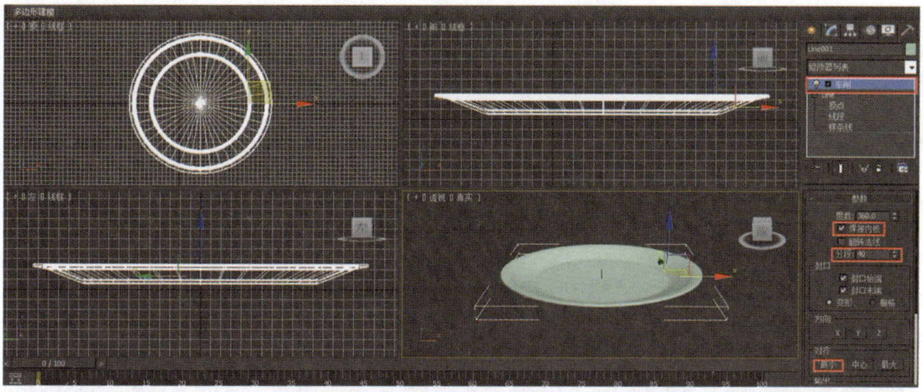

图 2-20

步骤 6. 在前视图中绘制碗的剖面线,同样对绘制的线执行【车削】命令,调整参数和位置,得到碗的模型(见图 2-21)。

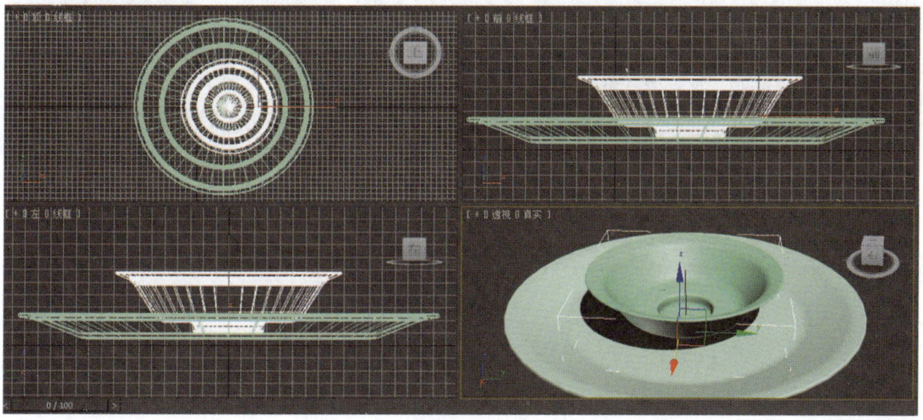

图 2-21

步骤 7. 用同样的方法制作出酒杯模型,调整位置,得到最终的效果,将文件保存为“实例 2-3”(见图 2-22)。

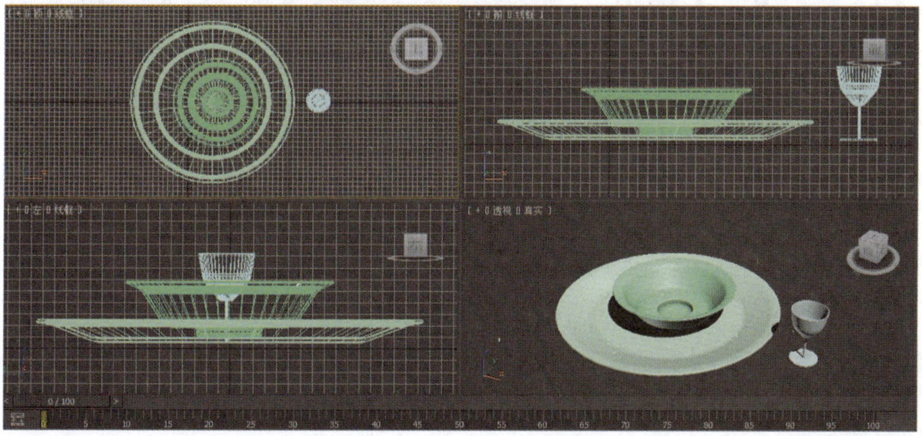

图 2-22

技巧提示:【车削】命令是很简单、很实用的命令,但是要求初学者必须对线形的操作与修改非常熟悉。在制作模型的时候,重点不是【车削】命令的使用,而是对线形的掌握,通过绘制标准的线形,就能制作出逼真的三维模型。

任务 4　制作三维文字

步骤 1. 启动 3ds Max 2012 中文版,将单位设置为毫米。

步骤 2. 在前视图中创建文字(见图 2-23)。

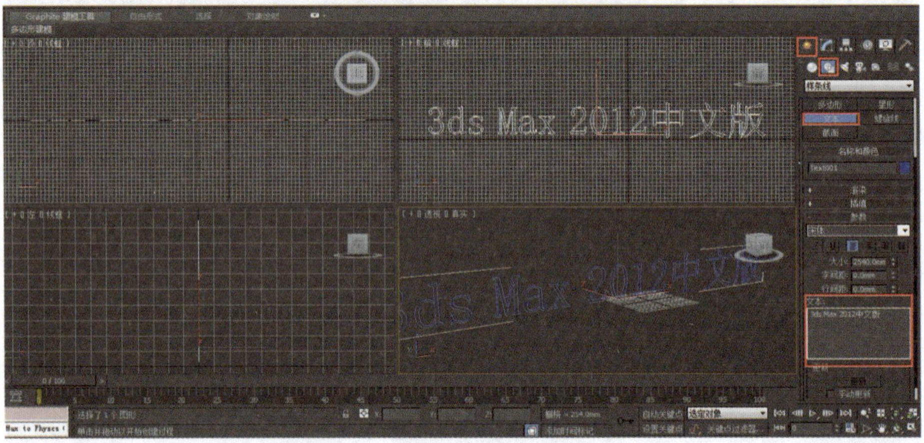

图 2-23

步骤 3. 进入【修改】命令面板,为文字添加【倒角】命令。

步骤 4. 在【倒角值】卷展栏中的【级别 1:高度】微调框中输入 15,在其下面的【轮廓】中输入 10(见图 2-24)。

图 2-24

步骤 5. 选择【级别 2】复选框,在【高度】微调框中输入 1000(见图 2-25)。

步骤 6. 选择【级别 3】复选框,在【高度】微调框中输入 15,在【轮廓】微调框中输入 -10(见图 2-26)。

步骤 7. 得到最终模型,保存为“实例 2-4”(见图 2-27)。

图 2-25

图 2-26

图 2-27

任务 5　吧台的制作

步骤 1. 启动 3ds Max 2012 中文版,将单位设置为毫米。

步骤 2. 在顶视图中用【线】命令绘制出吧台的形状,作为【倒角剖面】的“路径”(见图 2-28)。

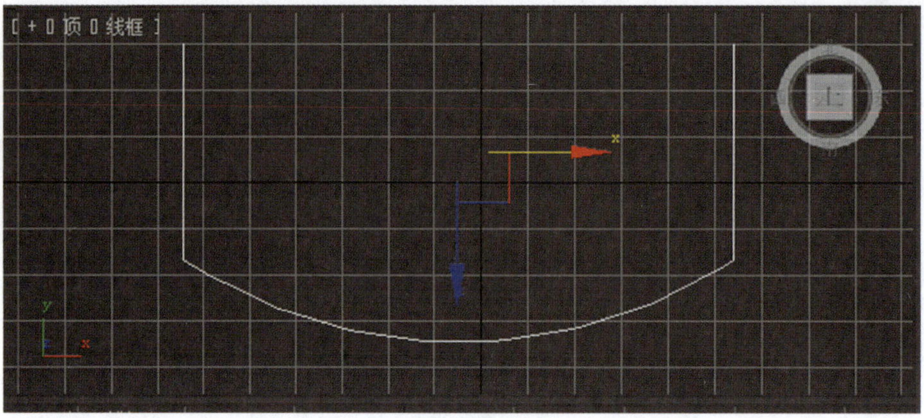

图 2-28

步骤 3. 在前视图中用【线】命令绘制出吧台的剖面(见图 2-29)。

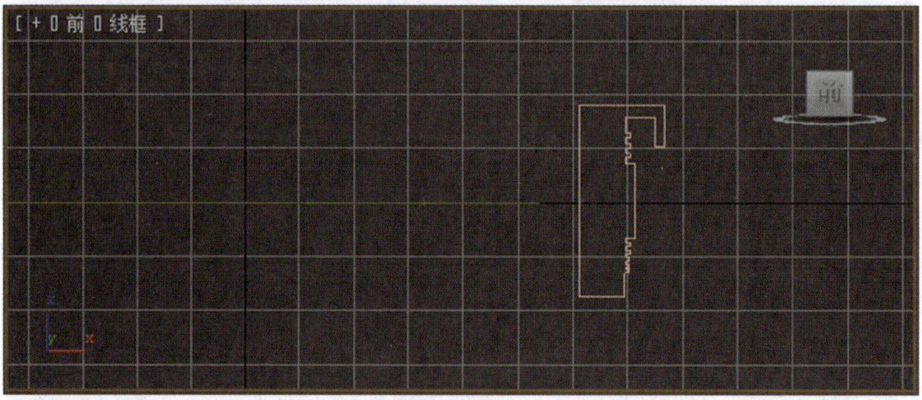

图 2-29

步骤 4. 确认路径处于选择状态,在【修改器列表】中执行【倒角剖面】命令,单击【拾取剖面】按钮,在前视图中点击绘制好的“剖面线”,生成三维效果(见图 2-30)。

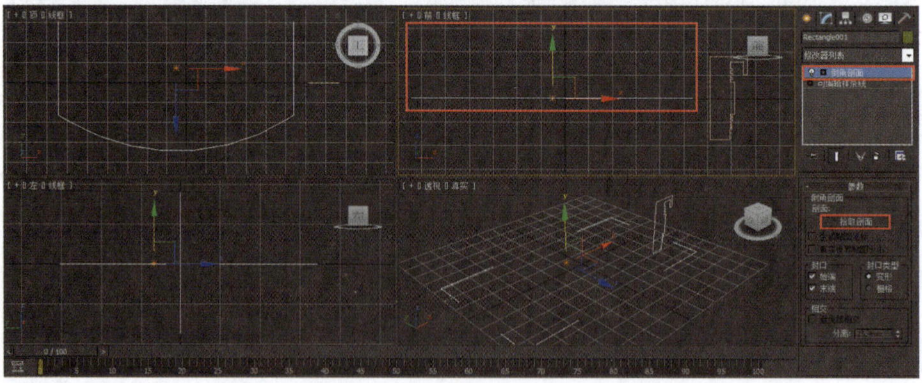

图 2-30

步骤 5. 将文件进行保存,命名为“实例 2-5”,最终效果如图 2-31 所示。

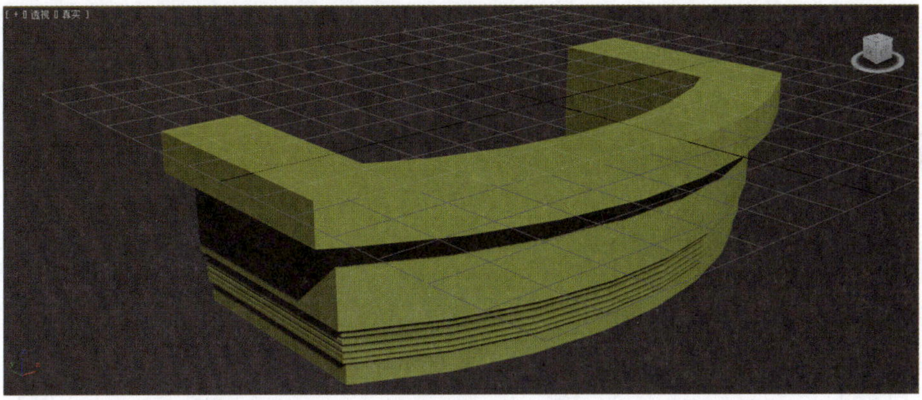

图2-31

项目3　基础建模(三维图形建模)

【知识要点】

建模方法和参数调整;编辑网格;弯曲、锥化、噪波、FFD 变形盒;调整 Shape(形)的位置;Loft(放样)变形的五种方法。

【教学目标】

熟悉标准几何参数和扩展参数体的建模方法和参数调整;掌握三维布尔运算的基本概念、运算类型、运算条件、操作方法和步骤;掌握 Edit Mesh 编辑网格物体命令对三维物体进行顶点、边、面、多边形面、元素等子物体的编辑修改;正确使用弯曲、锥化、噪波、FFD 变形盒等对物体进行编辑和修改;学会调整 Shape(形)的位置;掌握 Loft(放样)变形的五种方法:Scale(缩放)、Twist(扭曲)、Teeter(倾斜)、Bevel(倒角)、Fit(拟合)。

任务1　会议桌的制作

步骤1. 启动 3ds Max 2012 中文版,将单位设置为毫米。

步骤2. 用【线】命令在顶视图中绘制出线形(见图3-1)。

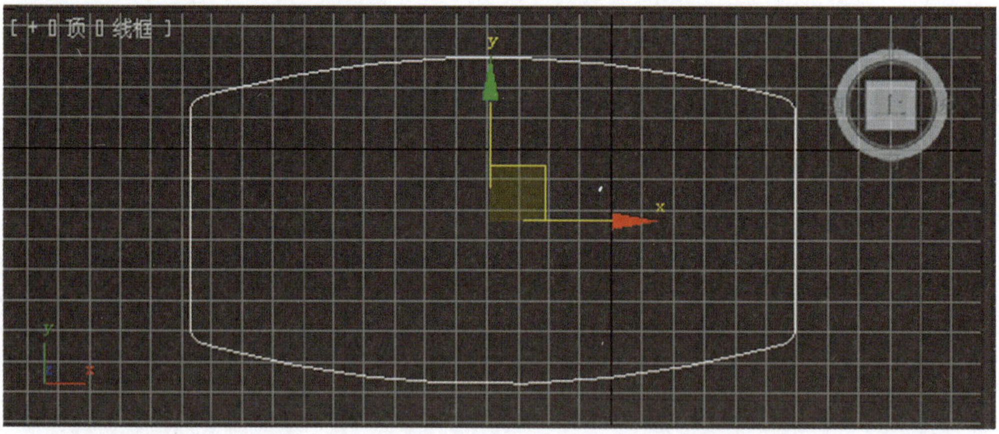

图 3-1

步骤3. 给该线形添加【挤出】命令,形成三维模型(见图3-2)。

步骤4. 在顶视图中创建一个长方体和两个球体,调整其大小和位置(见图3-3)。

步骤5. 选中长方体,将其转换为【编辑网格】,单击【编辑几何体】卷展栏下的【附加】按钮,单击视图中的两个球体,将它们附加为一体(见图3-4)。

步骤6. 选中通过【挤出】命令生成的三维模型,然后单击创建面板下的【创建几何体】按钮,在【创建基本体】下拉菜单中选择【复合对象】,单击【布尔】按钮,再单击【拾取

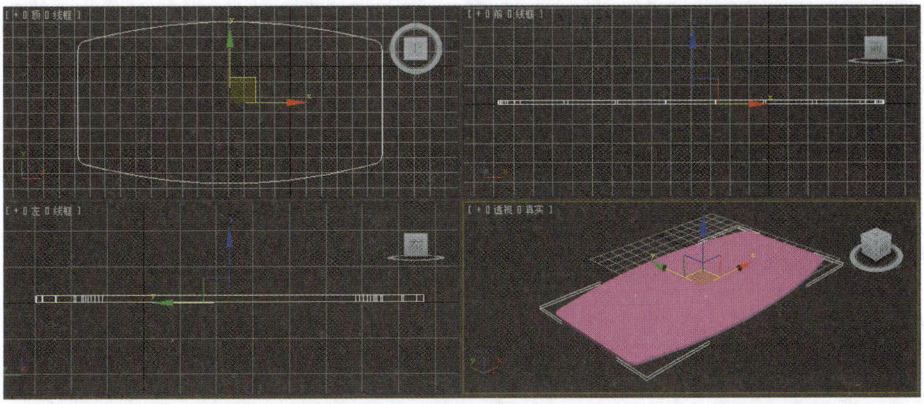

图3-2

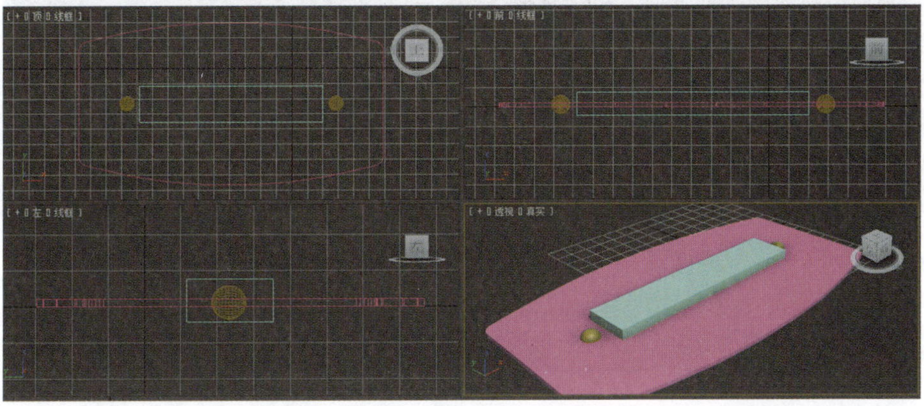

图3-3

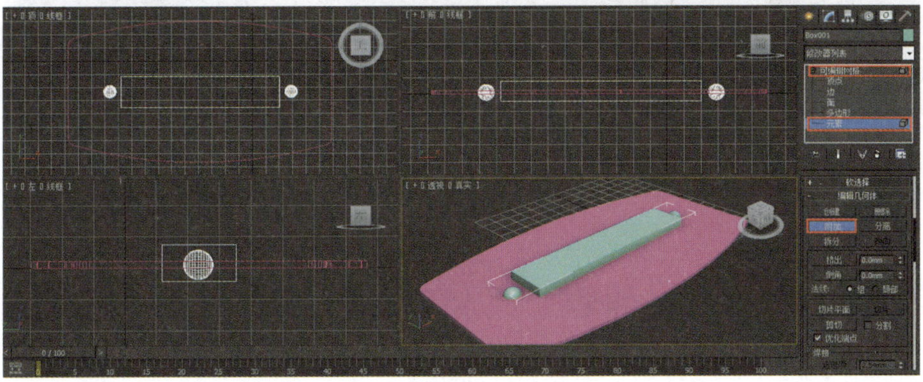

图3-4

布尔】卷展栏下的【拾取操作对象B】按钮(见图3-5)。

步骤7. 在视图中单击已经附加为一体的长方体和球体(见图3-6)。

步骤8. 在做好的模型下方,再创建4个长方体,调整其位置,得到最终效果,将文件保存,命名为“实例3-1”(见图3-7)。

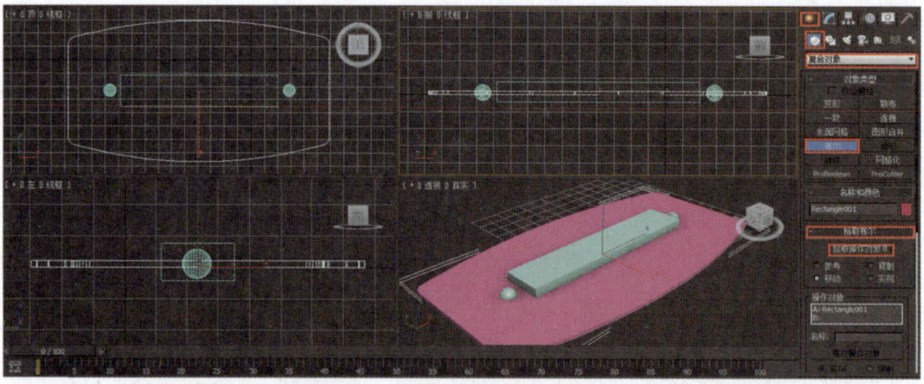

图 3-5

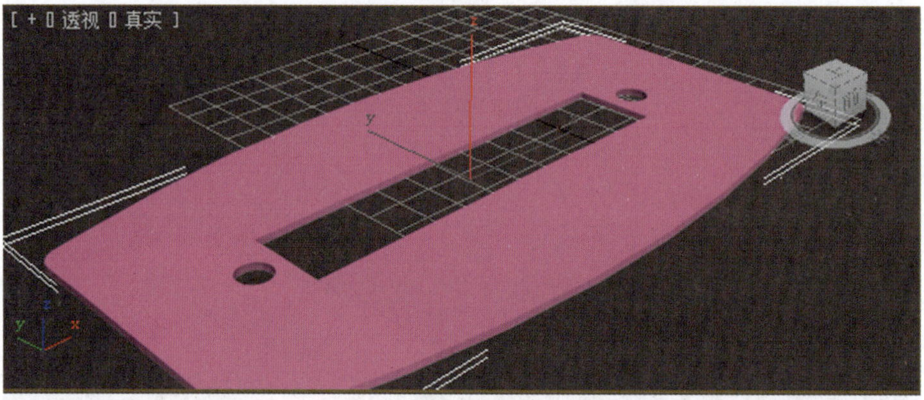

图 3-6

图 3-7

技巧提示:①参与【布尔】运算的物体,必须有相交的部分,如果没有相交,在执行【并集】和【交集】运算的时候,将不会出现运算结果;将多个物体附加为一体后,在进行【布尔】运算的时候可以一次性将要减掉的物体进行【布尔】运算。

②【布尔】运算命令最好只执行一次,如果执行两次或者多次【布尔】运算命令,得到的造型经常出错或者出现一些乱线。

任务 2 办公椅的制作

步骤 1. 启动 3ds Max 2012 中文版,将单位设置为毫米。

步骤 2. 在顶视图中创建一个 550 × 700 × 120 的长方体,段数分别为 3、3、1。

步骤 3. 选中长方体,点击鼠标右键,将长方体转换为【可编辑网格】(见图 3-8)。

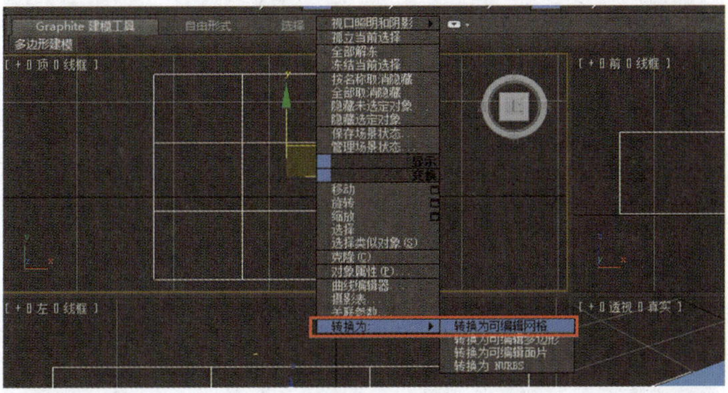

图 3-8

步骤 4. 按下“4”键,进入【多边形】层级,选择后面的面,然后单击【挤出】按钮,并将挤出高度设置为 120(见图 3-9)。

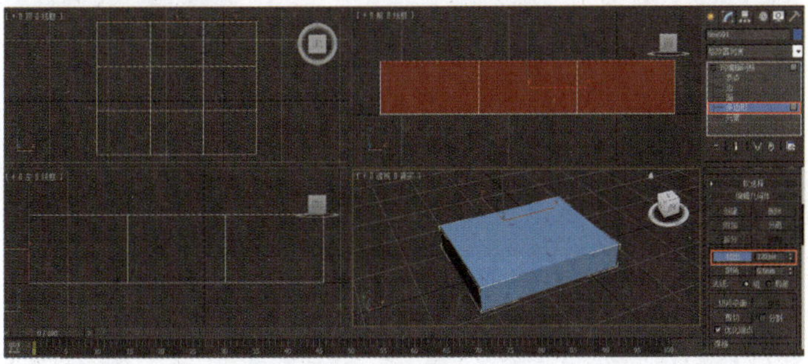

图 3-9

步骤 5. 按下“1”键,进入【顶点】层级,在左视图中选择后面的顶点,移动其位置,调整模型形态(见图 3-10)。

步骤 6. 按下“4”键,进入【多边形】层级,选中后面的面,再次执行【挤出】命令,挤出高度为 120;然后按下“1”键,进入【顶点】层级,调整顶点的位置,再用以上方法将面挤出 6 次,并调整顶点位置,得到相应模型(见图 3-11)。

步骤 7. 按下“4”键,进入【多边形】层级,选中所有的面。在【修改】面板中,打开【曲面属性】卷展栏,在【平滑组】选项中选择 2(见图 3-12)。

步骤 8. 在顶视图中创建一个圆柱体并调整其位置(见图 3-13)。

步骤 9. 用移动、复制的方式,将上一步制作的圆柱体进行复制,并修改其半径、高度和位置(见图 3-14)。

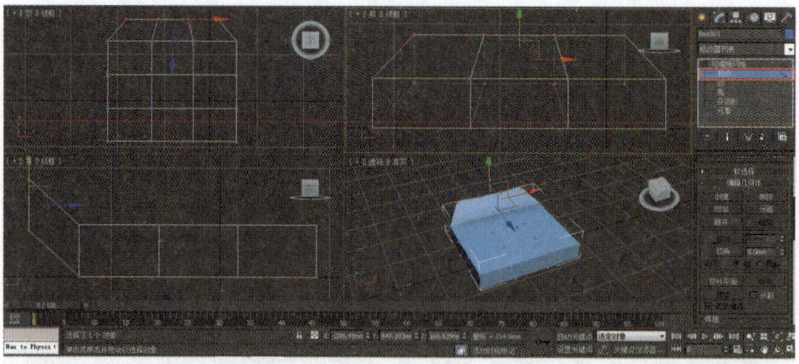

图 3-10

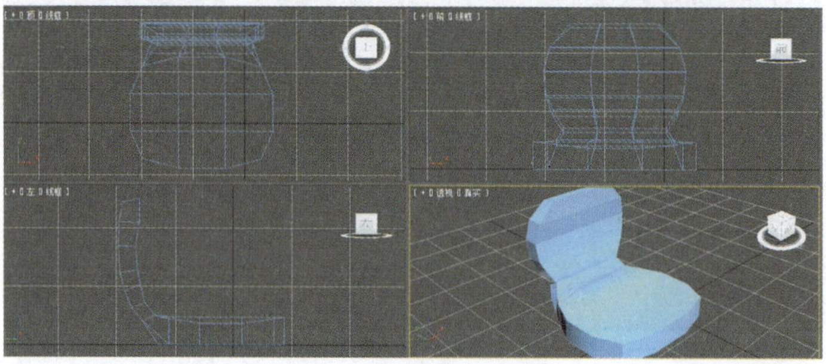

图 3-11

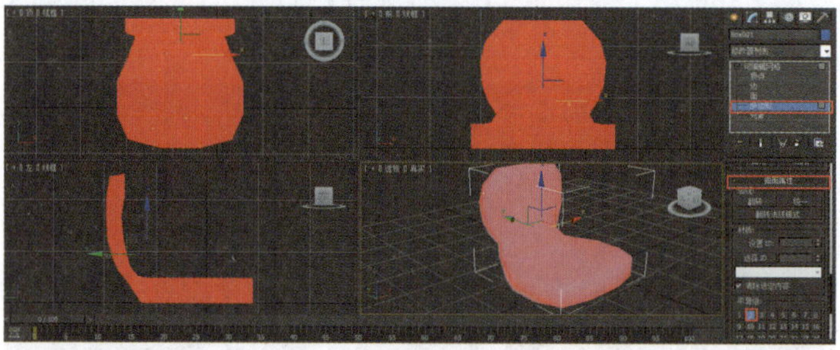

图 3-12

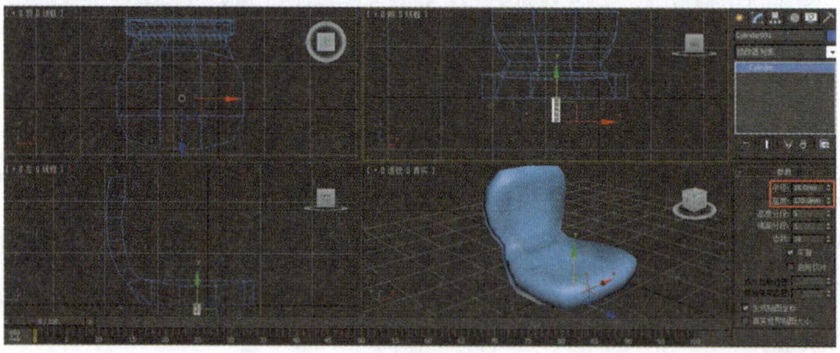

图 3-13

步骤 10. 在顶视图中创建一个长方体，将其转换为【可编辑网格】，调整其顶点位置，然后将其复制 3 个，调整这 4 个长方体的位置，得到相应模型（见图 3-15）。

步骤 11. 将场景中所有模型成组，命名为“组 001”，然后将“实例 3-1”合并到当前场景，将模型“组 001”复制 11 个，并调整其位置，得到最终效果。将文件保存，命名为“实

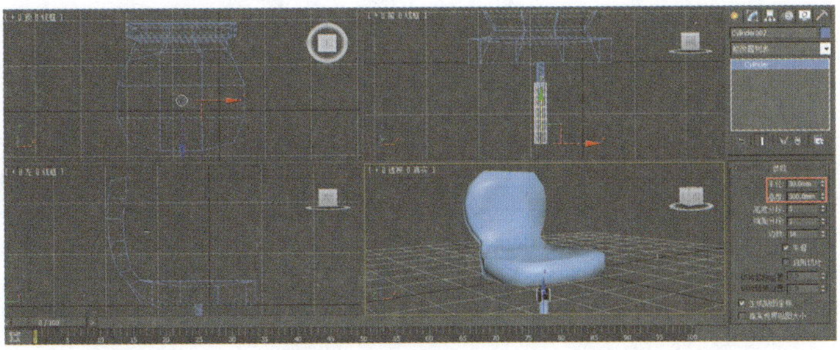

图 3-14

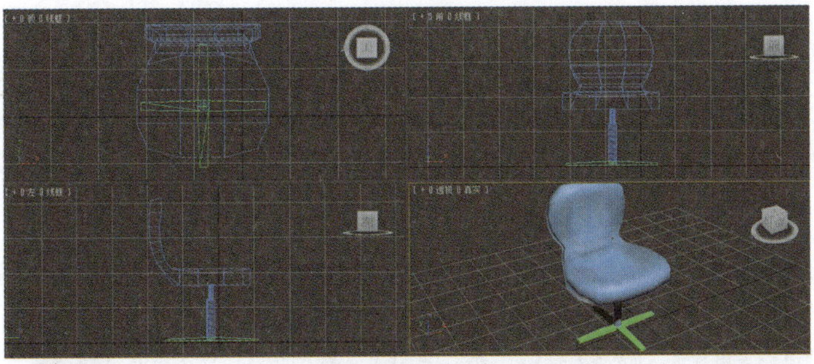

图 3-15

例 3-2”(见图 3-16)。

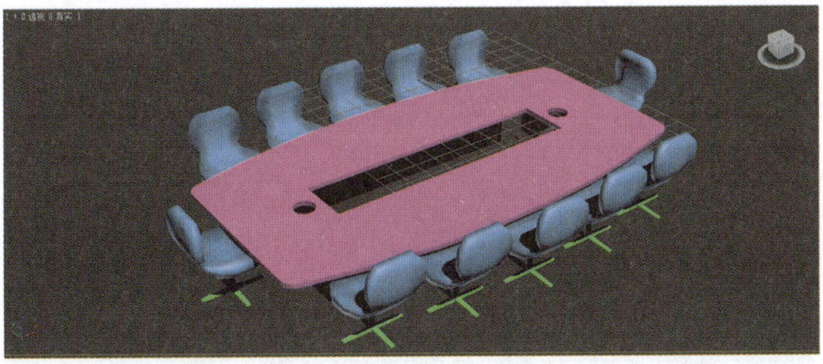

图 3-16

技巧提示:本例通过对办公椅模型的制作,使读者熟练掌握【可编辑网格】的操作方法。该命令本身并不难,运用该命令的难度在于对现实生活中物体形状的把握,只有多练习,才能收到好的效果。

任务 3 圆形沙发的制作

步骤 1. 启动 3ds Max 2012 中文版,将单位设置为毫米。

步骤 2. 在顶视图中创建一个切角长方体(见图 3-17)。

步骤 3. 在前视图中利用移动、复制的方式,将切角长方体沿 Y 轴向上复制一个,将【圆角】参数修改为 30,作为沙发座;将第二步制作的切角长方体向后复制一个,并将其在

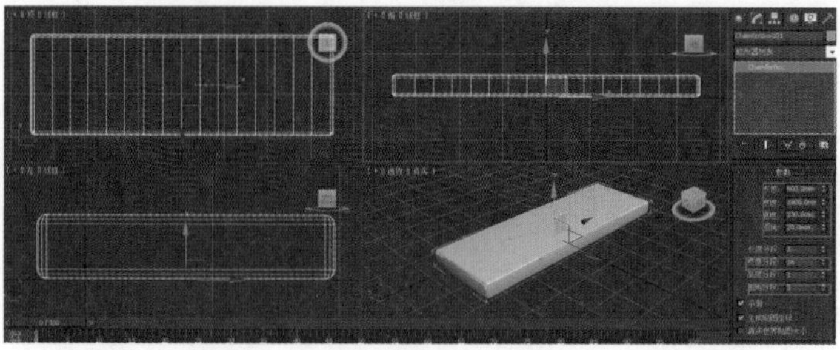

图 3-17

左视图中沿 Z 轴旋转 90 度，作为沙发的靠背（见图 3-18）。

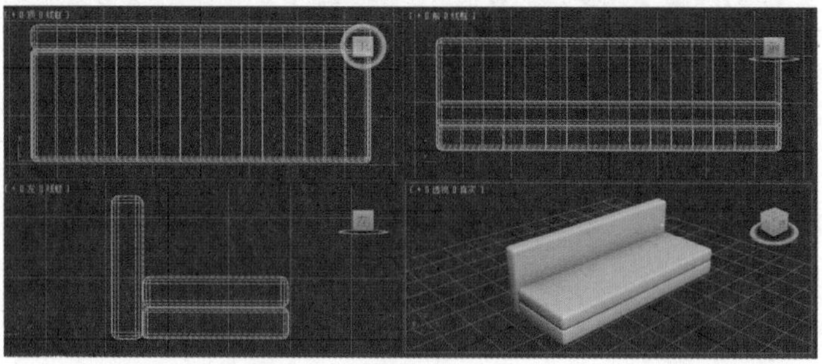

图 3-18

步骤 4. 将靠背向上复制一个，修改长度参数并将其旋转一定角度（见图 3-19）。

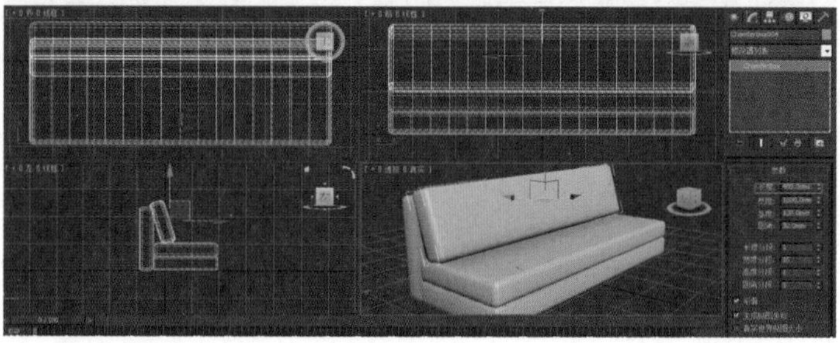

图 3-19

步骤 5. 选择所有模型，在【修改器列表】中执行【弯曲】命令，将角度设置为 180，方向设置为 90，弯曲轴为 X 轴（见图 3-20）。

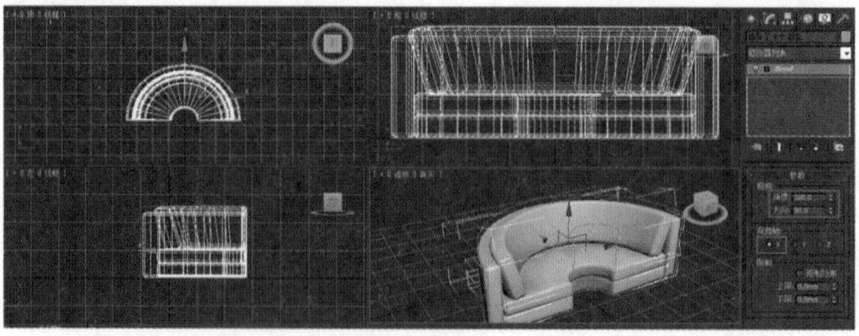

图 3-20

步骤 6. 将文件保存，得到最终效果，命名为“实例 3-3”（见图 3-21）。

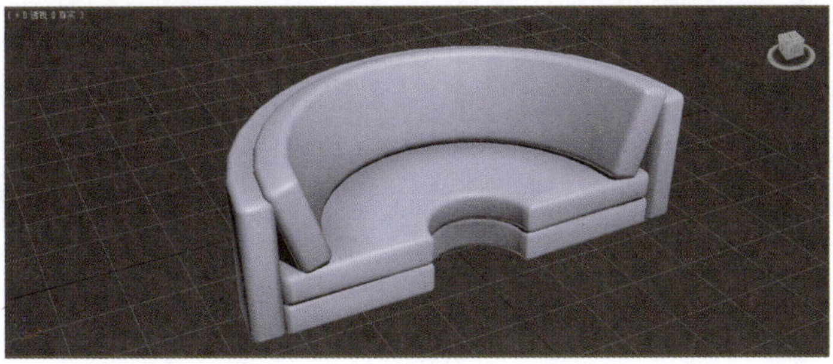

图 3-21

任务 4　象棋盘的制作

步骤 1. 启动 3ds Max 2012 中文版,将单位设置为毫米。

步骤 2. 在【创建】面板中单击【切角】圆柱体按钮,在顶视图中创建一个切角圆柱体(见图 3-22)。

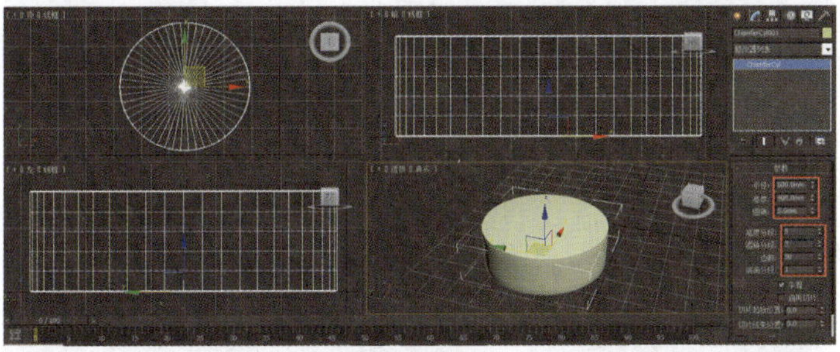

图 3-22

步骤 3. 在【修改】命令面板中执行【锥化】命令,将【曲线】设置为 0.6(见图 3-23)。

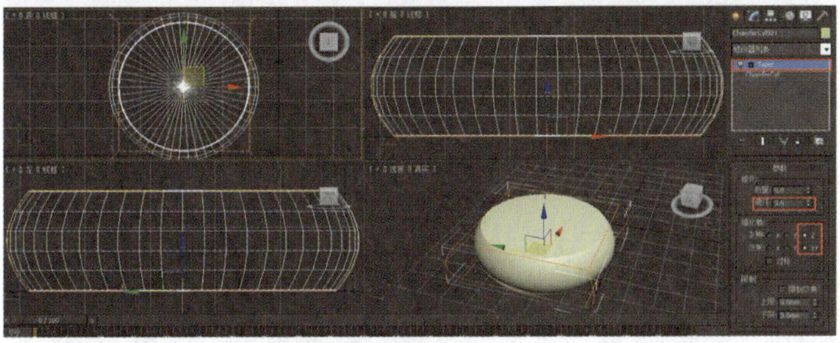

图 3-23

技巧提示:使用【锥化】命令的时候,可以勾选【限制效果】复选框,然后在【上限】、【下限】数值框中输入合适的数值,对模型进行调整。

步骤 4. 在顶视图中创建文本(见图 3-24)。

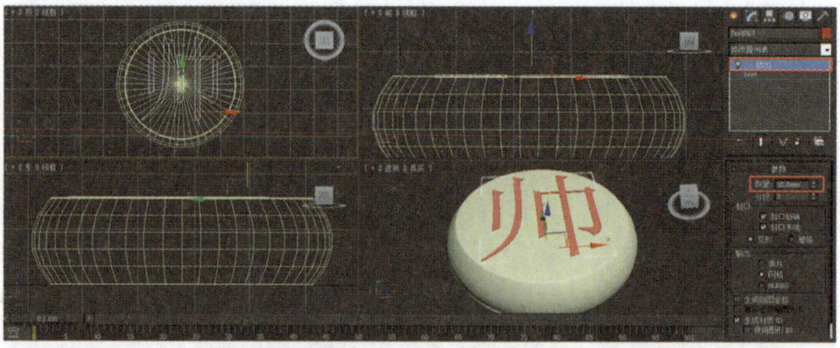

图 3-24

步骤 5. 选中二维文本，给其添加【挤出】命令，并调整其位置，得到象棋子（见图 3-25）。

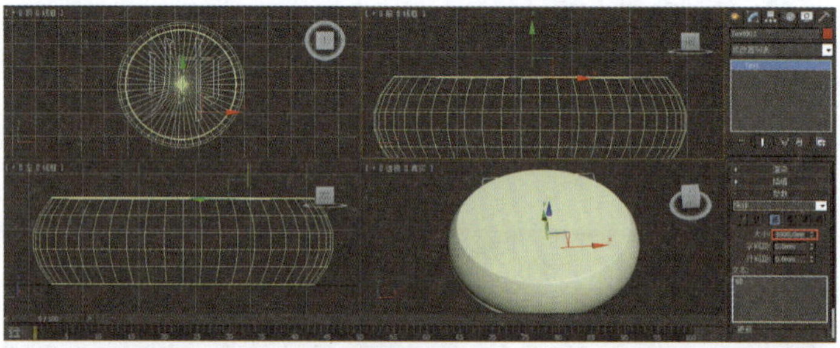

图 3-25

步骤 6. 在顶视图中用线绘制出棋格，并在【修改】面板中点击【渲染】卷展栏，勾选【在渲染中启用】和【在视口中启用】（见图 3-26）。

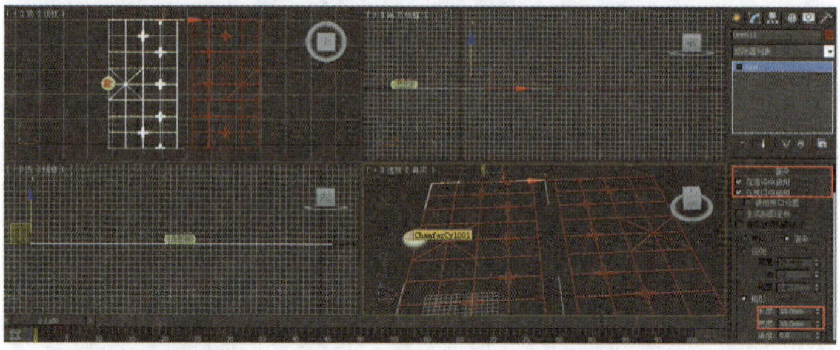

图 3-26

步骤 7. 用同样的方法制作其他象棋子，并调整其位置（见图 3-27）。

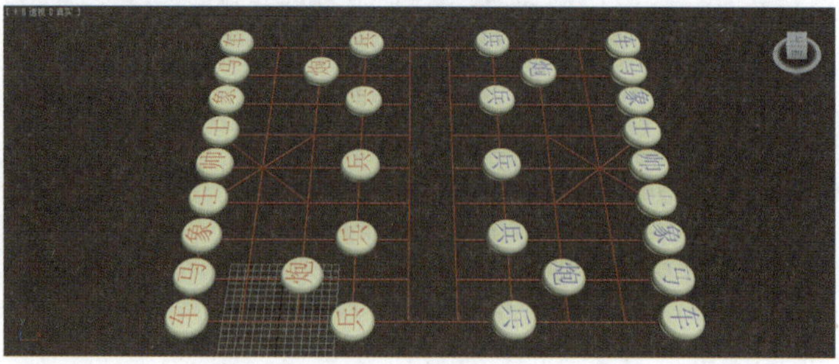

图 3-27

步骤 8. 在顶视图中创建一个长方体,作为棋盘底座,得到最终效果,保存文件,命名为“实例 3-4”(见图 3-28)。

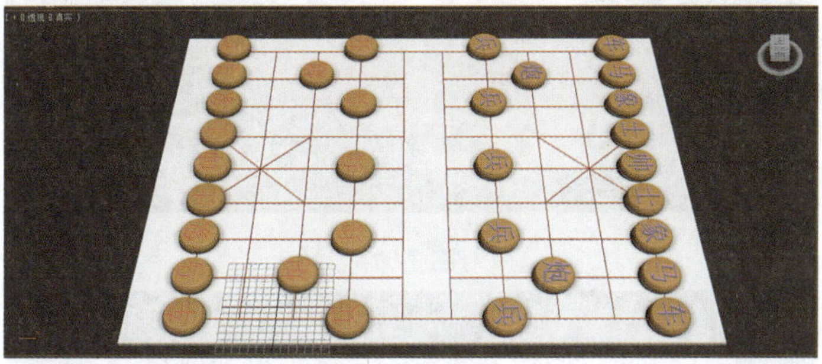

图 3-28

任务 5　双人床的制作

步骤 1. 启动 3ds Max 2012 中文版,将单位设置为毫米。

步骤 2. 在顶视图中创建 1 个切角长方体(见图 3-29)。

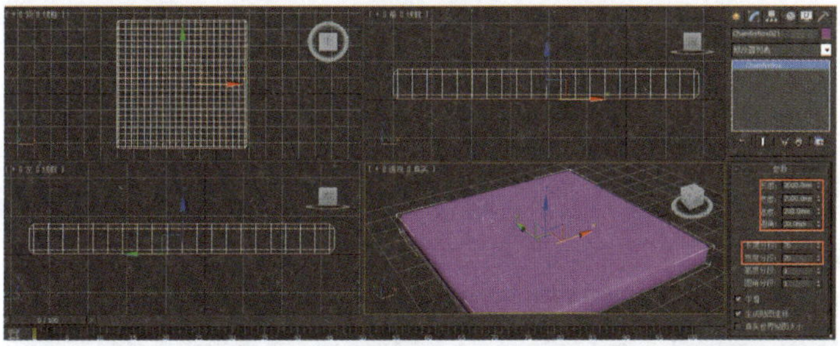

图 3-29

步骤 3. 选中切角长方体,单击鼠标右键,将其转换为【可编辑多边形】(见图 3-30)。

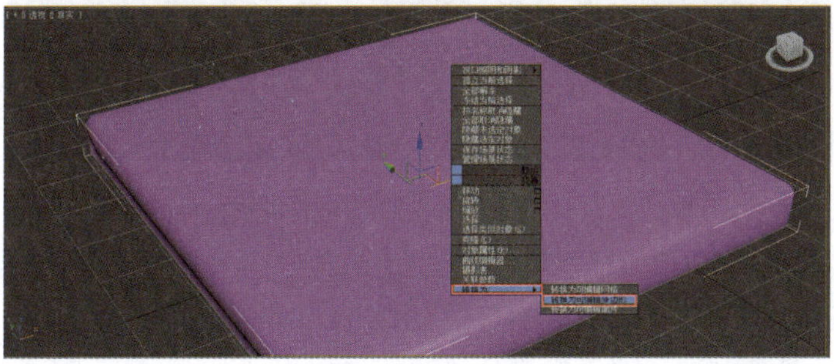

图 3-30

步骤 4. 进入【多边形】层级,选择上面的面,添加【噪波】修改命令,生成凹凸效果(见图 3-31)。

步骤 5. 创建 3 个切角长方体和 4 个圆柱体,并调整它们的位置,得到最终模型,保存文件,并命名为“实例 3-5”(见图 3-32)。

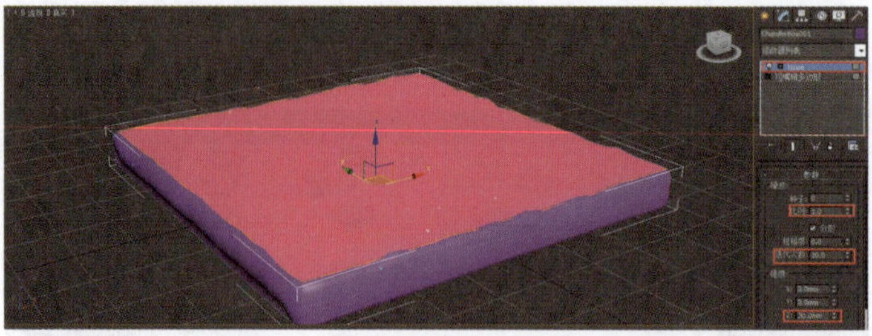

图 3-31

图 3-32

任务 6　沙发靠背的制作

步骤 1. 启动 3ds Max 2012 中文版，将单位设置为毫米。

步骤 2. 在顶视图中创建一个切角长方体（见图 3-33）。

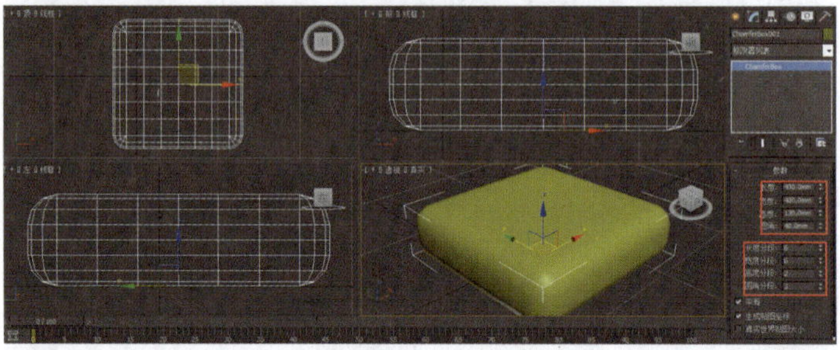

图 3-33

技巧提示：【FFD 长方体】命令是一个很强大的三维修改命令，在执行命令之前，物体必须有足够的段数，否则，即使调整控制点，物体形态也不会随之改变。

步骤 3. 在【修改】命令面板中执行【FFD 长方体】命令，单击【设置点数】按钮，在弹出的对话框中，设置【长度】、【宽度】均为 5，【高度】为 4，单击【确定】按钮（见图 3-34）。

步骤 4. 按下“1”键，进入【控制点】层级，在顶视图中选择四周的控制点，然后在前视图中，用工具栏中的【选择并均匀缩放】工具沿 Y 轴进行缩小（见图 3-35）。

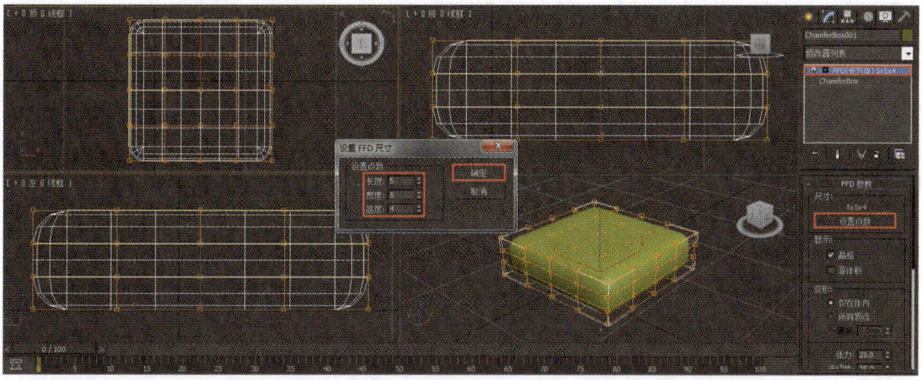

图3-34

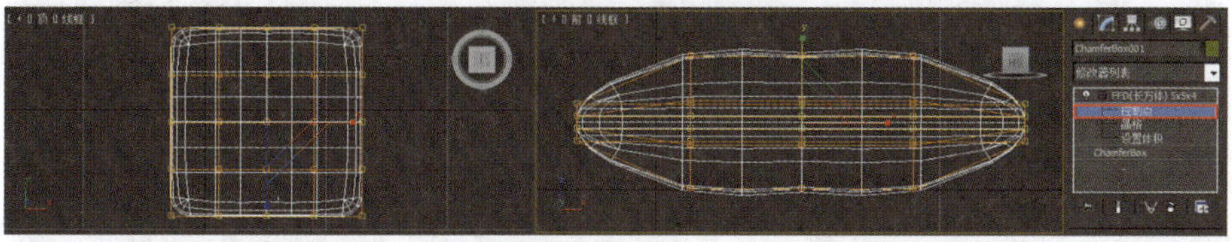

图3-35

步骤5. 在不同的视图中单独选择控制点进行调整,直到满意。

步骤6. 将“实例3-3”中的沙发模型合并到本场景中,并复制两个靠背,调整其位置,得到最终模型,将文件保存,命名为“实例3-6”(见图3-36)。

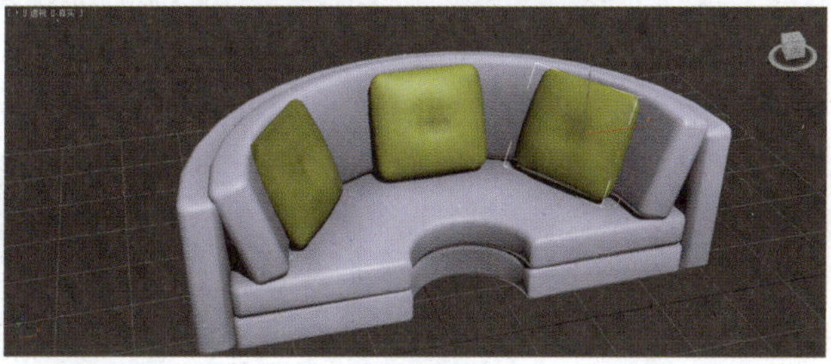

图3-36

任务7　中式台灯模型的制作(Loft(放样)的基本操作方法)

步骤1. 启动3ds Max 2012中文版,将单位设置为毫米。

步骤2. 在顶视图中绘制一个星形,在前视图中绘制一个长为400的直线(见图3-37)。

步骤3. 将绘制的星形转换为【可编辑样条线】,然后设置【轮廓】为1。

步骤4. 在前视图中选择绘制的直线,执行【放样】命令,在顶视图中单击星形,生成放样模型(见图3-38)。

步骤5. 单击【修改】按钮,进入【修改】命令面板,再点击【变形】卷展栏下的【缩放】按

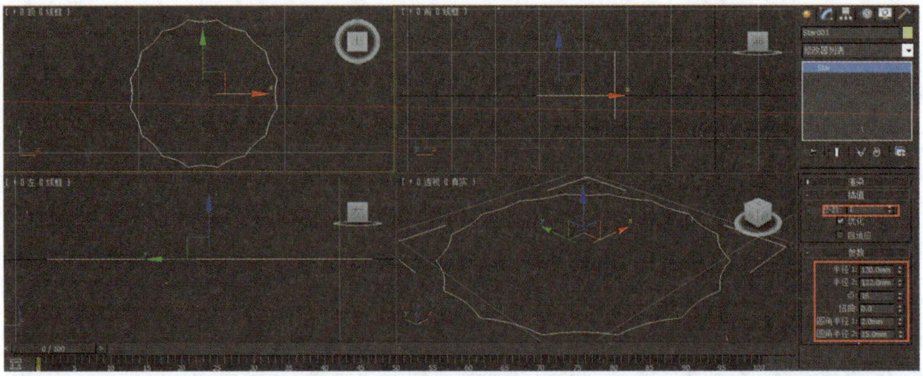

图 3-37

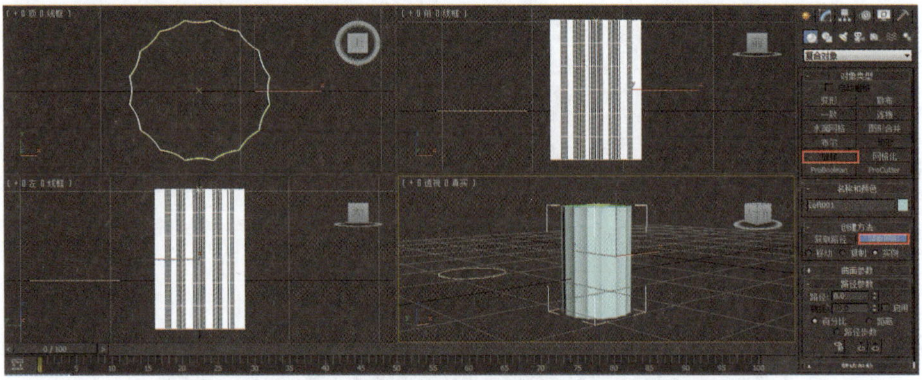

图 3-38

钮,弹出【缩放变形】窗口,调整两端的点(见图 3-39)。

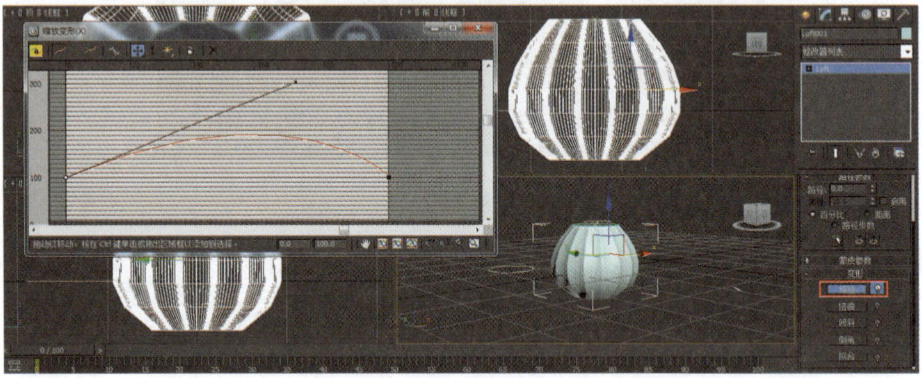

图 3-39

步骤 6. 单击【修改】命令面板【变形】卷展栏下的【扭曲】按钮,弹出【扭曲变形】对话框,调整两端的顶点(见图 3-40)。

步骤 7. 在前视图中用【线】命令绘制出台灯底座的剖面,然后执行【车削】命令,制作灯座(见图 3-41)。

步骤 8. 得到最终效果,将文件保存,命名为"实例 3-7"(见图 3-42)。

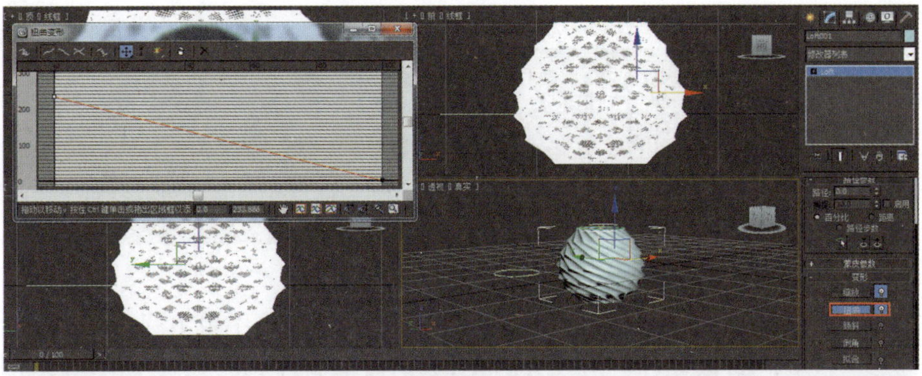

图 3-40

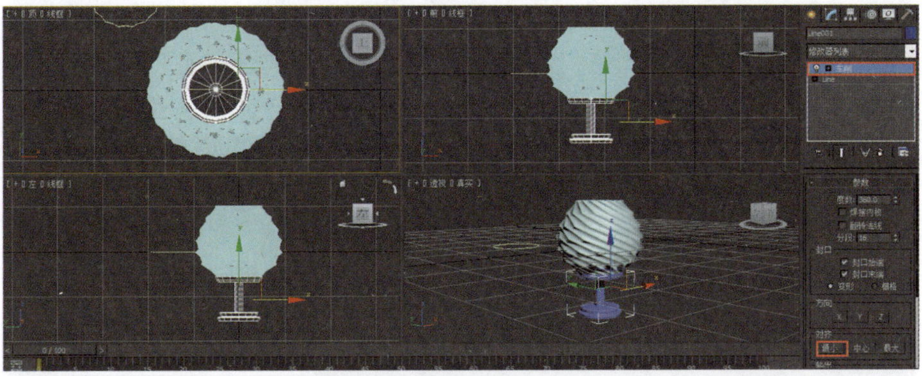

图 3-41

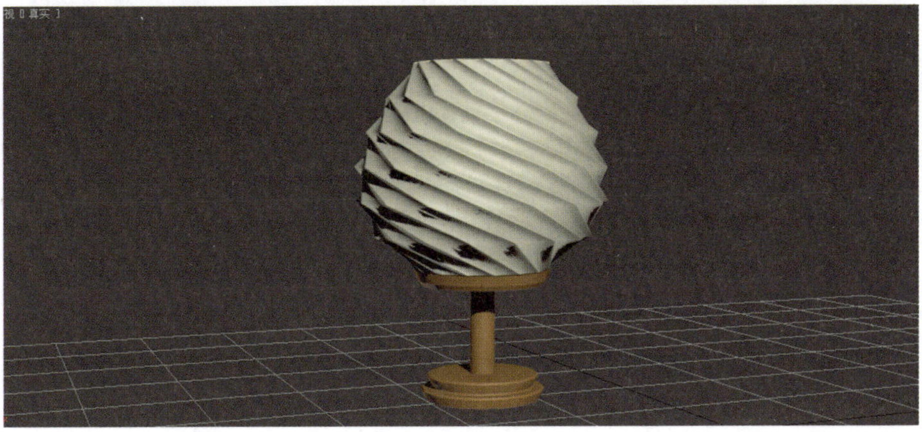

图 3-42

任务 8　圆形餐桌布的制作

步骤 1. 启动 3ds Max 2012 中文版,将单位设置为毫米。

步骤 2. 在顶视图中绘制一个【半径】为 750 的圆形,再绘制一个【半径 1】为 760,【半径 2】为 720,【点】位 22,【圆角半径 1】为 30,【圆角半径 2】为 30 的星形。在前视图中绘制一条直线,其长度约为 800(见图 3-43)。

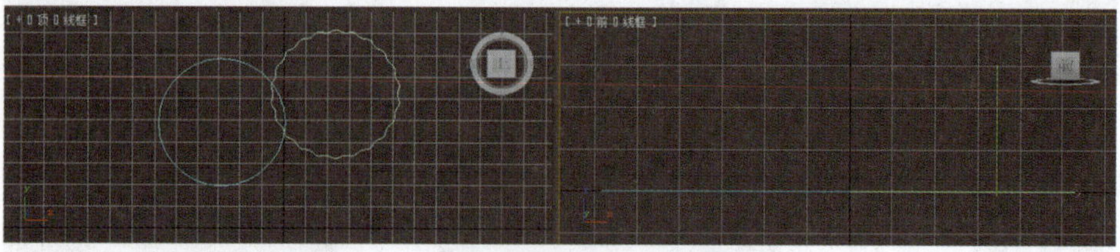

图 3-43

步骤 3. 在前视图中选择直线,执行【放样】命令,在顶视图中单击圆,生成放样物体。

步骤 4. 在【路径参数】卷展栏下的【路径】数值框中输入 100,再次单击【获取图形】按钮,在顶视图中单击星形,生成桌布造型(见图 3-44)。

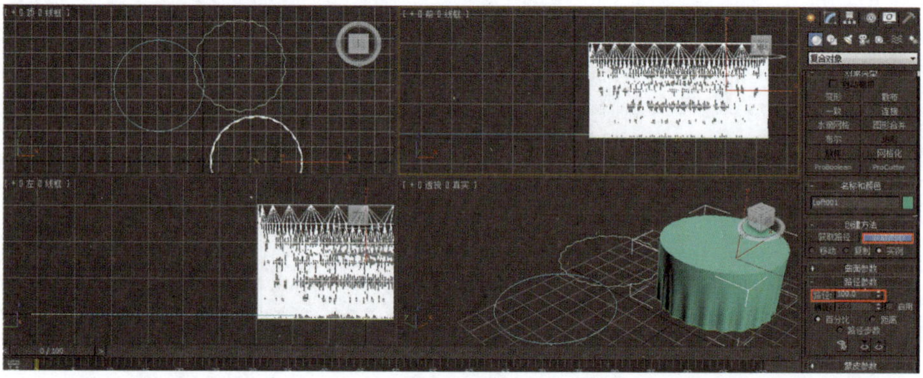

图 3-44

步骤 5. 单击【修改】面板【变形】卷展栏下的【倒角】按钮,弹出【倒角变形】窗口,在控制线上添加一个点,调整形态(见图 3-45)。

图 3-45

步骤 6. 将制作的模型保存,命名为“实例 3-8”(见图 3-46)。

技巧提示:【放样】是建模中重要的操作命令,通过【放样】可以制作复杂的模型。更重要的是,放样操作提供了很多控制选项,较三维建模有更强的控制力,除了以上例子用到的【缩放】、【扭曲】、【倒角】,还有【倾斜】、【拟合】,后两种不常用,在此就不多做说明了。

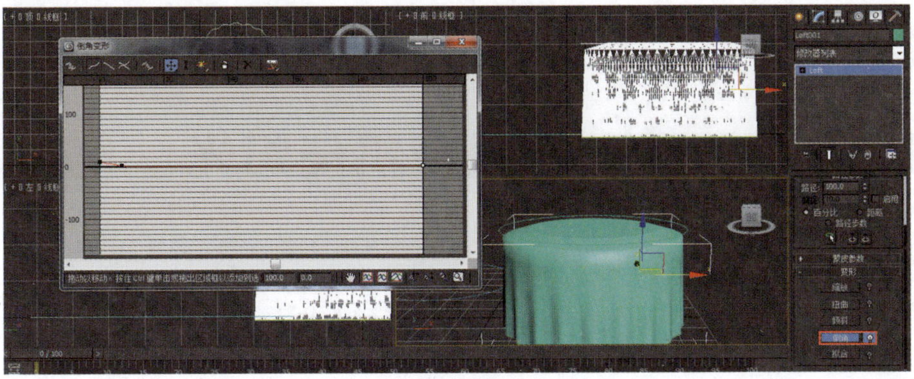

图3-46

项目 4 3ds Max 摄影机与灯光

【知识要点】

创建相机;调整镜头长度和焦距;控制透视图形态的方法;标准灯光、光度学灯光、VRay 灯光的特点和应用场合;灯光参数的作用与调整。

【教学目标】

通过室内空间模型或空间界面任务案例进行讲解,学会合理创建相机,调整镜头长度和焦距,掌握控制透视图形态的方法;掌握目标聚光灯、目标平行光、泛光灯光等光源的特点和应用场合;熟悉灯光参数的作用与调整。

任务 1 摄影机的参数、创建过程及控制摄影机视图的方法

1 摄影机创建面板及其参数面板介绍

摄影机创建面板如图 4-1 所示。

图 4-1 摄影机创建面板

3ds Max 2012 提供了两种摄影机类型,分别是目标摄影机和自由摄影机。目标摄影机主要包括摄影机和目标两个部分,可对其位置分别进行调整,以达到设计者理想的构图画面,目标摄影机主要用于跟随拍摄、空中拍摄、跟踪照和静物照等;自由摄影机主要用于游走拍摄、摇摆拍摄和基于路径的动画等。由于这两种摄影机的参数基本相同,因此本书

只介绍目标摄影机的主要参数。

(1)【参数】选项组。

①镜头:以毫米为单位设置摄影机的焦距。

②视野:决定摄影机查看区域的宽度(视野)。可以选择怎样应用视野(FOV)值:使用工具水平应用视野,这是设置和测量 FOV 的标准方法;使用工具垂直应用视野;使用工具在对角线上应用视野,从视口的一角到另一角。

③正交投影:启用此复选框后,摄影机视图看起来就像用户视图;禁用此复选框后,摄影机视图就好像是标准的透视图。当"正交投影"有效时,视口导航按钮的行为如同平常操作一样,"透视"图除外。"透视"图功能仍然能够移动摄影机并且更改 FOV,但"正交投影"取消执行这两个操作,以便禁用"正交投影"复选框后可以看到所做的更改。

④备用镜头:这些预设值用于设置摄影机的焦距(以毫米为单位)。

⑤类型:将摄影机类型从目标摄影机更改为自由摄影机,反之亦然。

⑥显示圆锥体:显示摄影机视野定义的锥形光线(实际上是一个四棱锥)。锥形光线出现在其他视口,但是不出现在摄影机视口中。

⑦显示地平线:在摄影机视口中的地平线层级显示为一条深灰色的线条。

以上目标摄影机【参数】选项组各具体项目如图 4-2 所示。

图 4-2 摄影机参数卷展板一

(2)【环境范围】选项组。

显示:显示在摄影机锥形光线内的矩形,以进行"近距范围"和"远距范围"的设置。近距范围、远距范围的作用:确定在环境面板上设置大气效果的近距范围和远距范围限制,使两个限制之间的对象消失在远端百分比和近端百分比值之间。

(3)【剪切平面】选项组。

剪切平面:设置选项来定义剪切平面。在视口中,剪切平面在摄影机锥形光线内显示为红色的矩形(带有对角线)。

手动剪切:启用该复选框可定义剪切平面。当禁用【手动剪切】时,摄影机将忽略近距和远距剪切平面的位置,并且其控件不可用。摄影机渲染视野之内的所有几何体。

近距剪切、远距剪切:设置近距和远距平面。

设置【近距剪切】值以定位近距剪切平面。对于摄影机来说,与摄影机的距离比"近"距更近的对象不可见,并且不进行渲染。

设置【远距剪切】值以定位远距剪切平面。对于摄影机来说,与摄影机的距离比"远"距更远的对象不可见,并且不进行渲染。

可以设置靠近摄影机的"近端"剪切平面,以便它不排除任何几何体,并仍然使用远距平面来排除对象。同样,可以设置距离摄影机足够远的"远端"剪切平面,以便它不排除任何几何体，并仍然使用近距平面来排除对象。

【近端】值应小于【远端】值。如果剪切平面与一个对象相交，则该平面将穿过该对象，并创建剖面视图。

【环境范围】选项组、【剪切平面】选项组各具体项目如图 4-3 所示。

（4）【多过程效果】选项组。

其中可以选择“景深参数”和“运动模糊参数”两个选项，选中其中一项，则会出现相应的参数控制区。此设置在室内设计制作效果图中使用相对较少，故此处不作详解，有兴趣的同学可以自行研究。其面板如图 4-4、图 4-5 所示。

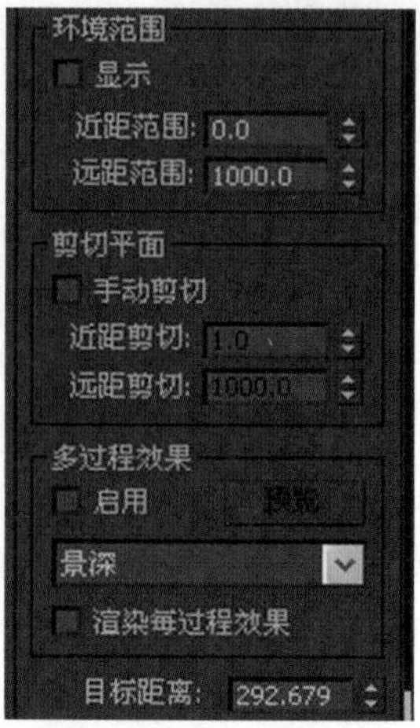

图 4-3 摄影机参数卷展板二

2 创建相机操作步骤

步骤 1. 单击【创建】命令面板中的【摄影机】目标按钮，在顶视图中拖动鼠标创建目标摄影机。

步骤 2. 激活透视图，按下“C”键，透视图即可变成摄影机视图。在前视图中将摄影机移动到高度为 1100 左右的位置，调整摄影机和目标点，直至摄影机视图构图画面满足设计意图，如图 4-6 所示。

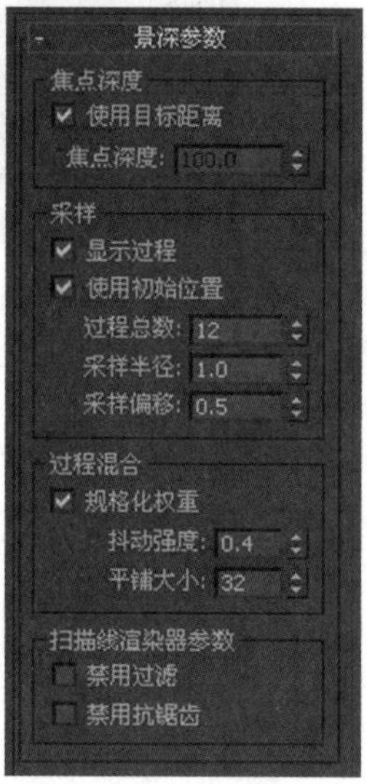

图 4-4 【景深参数】卷展栏

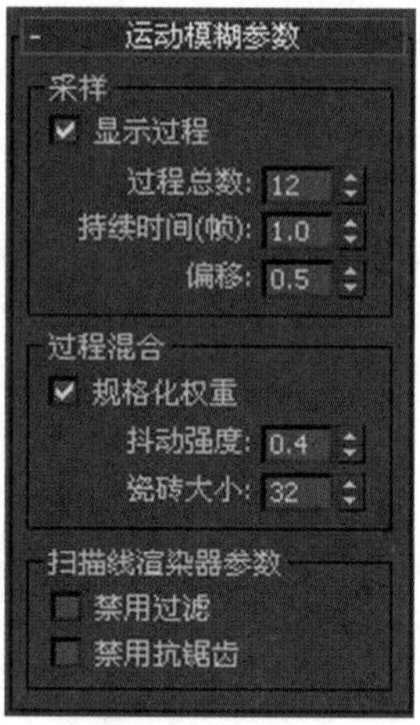

图 4-5 【运动模糊参数】卷展栏

步骤 3. 修改【镜头】为 24 mm。查看摄影机窗口是否有墙体遮隐摄影机，再决定是否需要勾选【手动剪切】选项，如图 4-7 所示。

步骤 4. 现在可以观看摄影机视图，如图 4-8 所示。

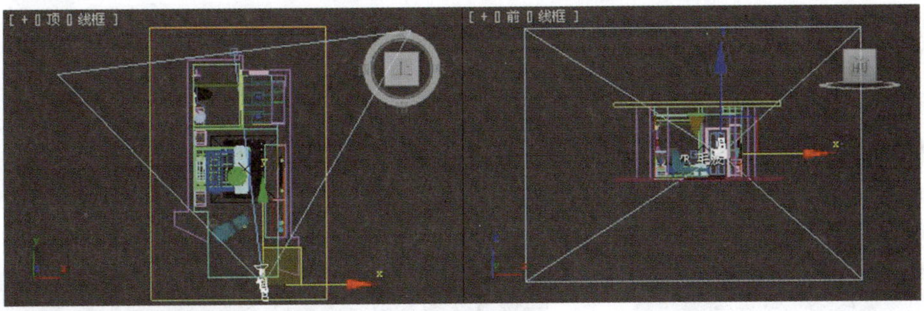

图 4-6 摄影机的位置

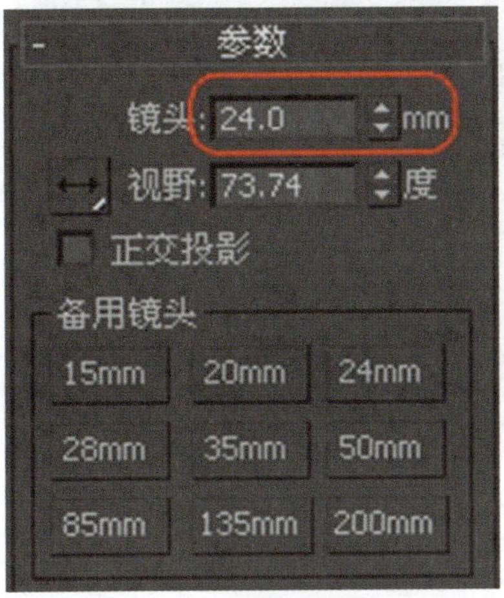

图 4-7 设置摄影机参数

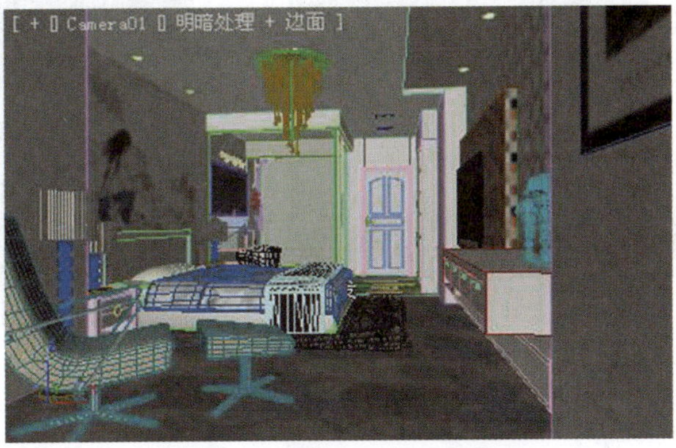

图 4-8 设置摄影机后的效果

步骤 5. 按“Ctrl” + “S”键，将文件保存。

技巧提示：用 VRay 进行渲染，必须勾掉摄影机参数下的剪切，否则会看不见渲染的效果。如果摄影机放在房间的里面，不用【剪切平面】也可以；如果摄影机放在房间的外面，被墙体挡住了，无论是单面建模，还是双面建模，都必须勾掉【手动剪切】选项，然后调整一下【近距剪切】及【远距剪切】的参数就可以了。

任务 2　标准灯光、光度学灯光、VRay 灯光参数的调整和空间布光原则与技巧

3ds Max 中默认的灯光分为【标准灯光】和【光度学灯光】两大类。无论使用哪一种类型的灯光来设置，最终的目的都是得到一个真实而生动的灯光效果。一幅出色的效果图需要恰到好处的灯光效果，3ds Max 中的灯光比现实中的灯光优越得多，可以通过随意地调节亮度、颜色，设置它能否穿透物体或是投射阴影，还能控制灯光要照亮哪些物体而不照亮另一些物体。

1 标准灯光

单击命令面板上的■(灯光)按钮,面板将显示8种标准灯光类型,如图4-9所示。

1.1 标准灯光类

3ds Max 提供的8种标准灯光,分别是目标聚光灯、自由聚光灯(Free Spot)、目标平行光、自由平行光、泛光灯、天光、mr区域泛光灯和mr区域聚光灯,如图4-10所示。

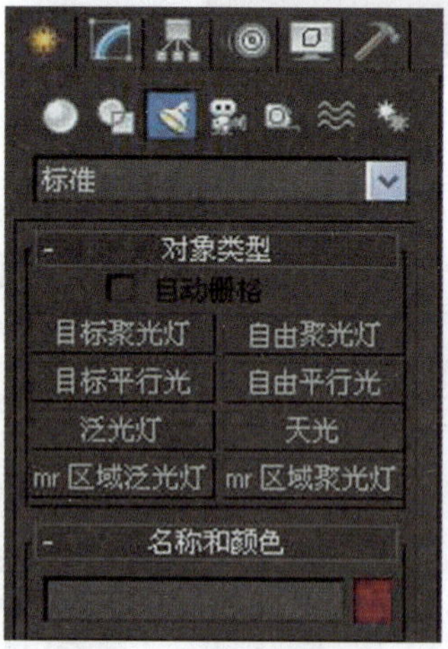

图4-9 标准灯光面板

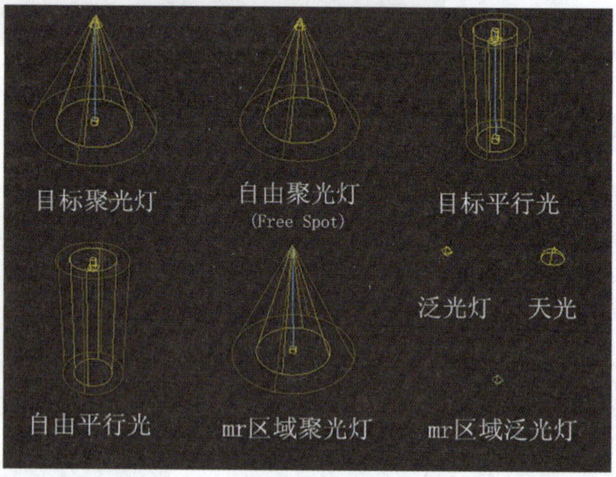

图4-10 8种标准灯光形态

1.1.1 聚光灯(目标聚光灯、自由聚光灯、mr区域聚光灯)

(1)目标聚光灯:产生锥形照射区域,在照射区域外的物体不受该灯光影响。当有物体(对象)遮挡住光束时,光束将会被它截断,且光束的范围可以使用目标聚光灯的投射点和目标点来进行任意的调整。聚光灯有矩形和圆形两种投影区域,矩形适合制作电影投影的图像、窗户投影等;圆形适合制作筒灯、台灯、壁灯、车灯等灯光的照射效果。

(2)自由聚光灯:是一个圆锥形图标,产生锥形照射区域。它是一种没有"投射目标"的聚光灯,通常用于运动路径上,或是与其他对象相连而以子对象方式出现。自由聚光灯主要应用于动画的制作。

(3)mr区域聚光灯:在使用mental ray渲染器进行渲染时,可以从矩形或圆形区域发射光线,产生柔和的照明和阴影。而在3ds Max默认扫描线渲染器时,其效果等同于标准聚光灯。

1.1.2 泛光灯(泛光灯、mr区域泛光灯)

(1)泛光灯:是在效果图制作中应用较多的光源,用来照亮整个场景,是一种向四面八方均匀发光的"点光源"。它的优点是易于调节,不用考虑是否有对象在范围外而不被照射;缺点就是不能创建太多,否则效果图会缺乏层次感。该灯光常用作辅助光源或模拟点光源。

(2)mr区域泛光灯:当使用mental ray渲染器进行渲染时,区域泛光灯从球体或圆柱体体积发射光线,而不是从点源发射光线。使用默认扫描线渲染器,其效果等同于泛光灯。

1.1.3　平行光(目标平行光、自由平行光)

(1)目标平行光:可以产生圆柱形或方柱形平行光束,“平行光束”是一种类似于激光的光束,它的发光点与照射点大小相等。目标平行光主要用于模拟阳光、探照灯、激光光束等效果。

(2)自由平行光:是一种与自由聚光灯相似的平行光束。但它的照射范围是柱形的,多用于动画。

1.1.4　天光

天光能模拟日光照射效果。它提供整体照明和虚幻的阴影效果,但不会产生高光,一般需和太阳光或目标平行光相互配合使用,以体现对象的高光和阴影的清晰度。这种灯光必须配合【光跟踪器】使用,才能产生理想的效果。

1.2　标准灯光的共同参数卷展栏

在 3ds Max 中除了天光,所有不同的灯光对象都共享一套控制参数,它们控制着灯光的最基本的特征,包括【常规参数】、【强度/颜色/衰减】、【高级效果】、【阴影参数】、【阴影贴图参数】、【大气和效果】等卷展栏。

1.2.1　【常规参数】卷展栏

【常规参数】卷展栏主要控制对灯光的开启与关闭、排除或包含以及阴影方式。在修改命令面板中,【常规参数】卷展栏还可以用于控制灯光目标物体,改变灯光类型,如图 4-11 所示。

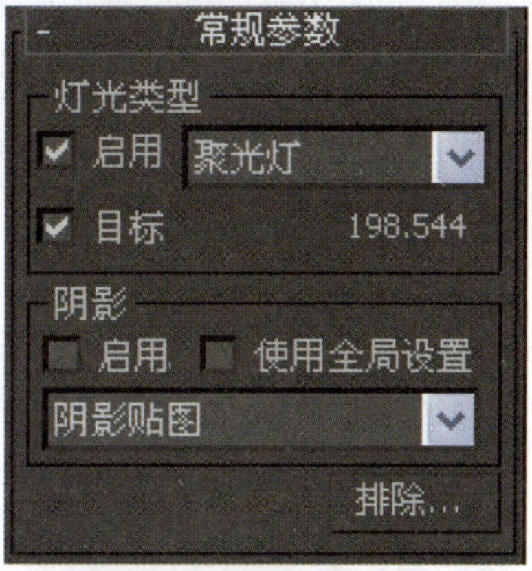

图 4-11　【常规参数】卷展栏

(1)【灯光类型】选项组。

①启用:用来启用和禁用灯光,默认设置为选中。

②聚光灯:用于改变当前灯光的类型,可以在聚光灯、平行光和泛光灯之间进行转换。

③目标:选中该复选框,灯光将成为目标灯。其光源点和目标点的距离显示在右侧的显示框中。

(2)【阴影】选项组。

①启用:用于决定当前灯光是否产生阴影。

②使用全局设置:选中该复选框,将会把下面的阴影参数应用到场景中的全部投影灯上。

③阴影贴图:决定当前灯光使用哪种阴影方式进行渲染,其中包括高级光线跟踪、阴影贴图、区域阴影、光线跟踪阴影和 VRay 阴影 5 种。

④排除:单击该按钮,在打开的【排除/包含】对话框中,设置场景中的对象不受当前灯光的影响,如图 4-12 所示。

在【排除/包含】对话框中,【场景对象】列表中的所有对象都受当前灯光的影响。如果想不受当前灯光的影响,可以在【场景对象】列表中选择一个对象,单击按钮,排除灯光的影响。下面将对排除进行介绍。

如图 4-13 所示,在该场景中有一盏目标聚光灯和一盏茶壶及一个圆球,其中左图中

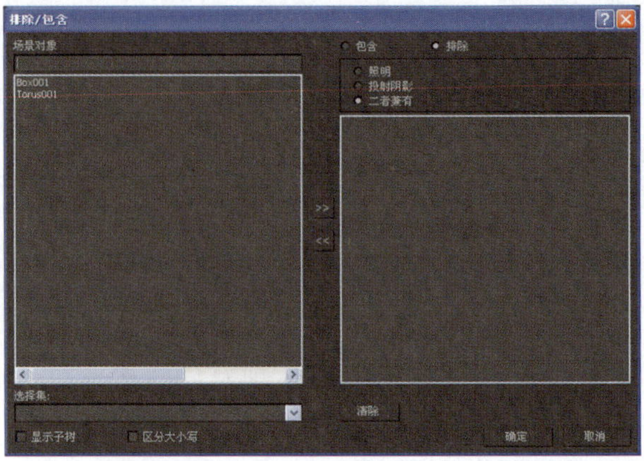

图 4-12 【排除/包含】对话框

未排除灯光的影响,中间一幅图中的球体被排除了目标聚光灯的阴影的影响,右图中的茶壶被排除了目标聚光灯的阴影和照明的影响。

图 4-13 排除灯光影响的效果

> 技巧提示:如果要设置个别物体不产生或者不接收阴影,则可以右击选择物体,在弹出的快捷菜单中选择【对象属性】命令,在弹出的【对象属性】对话框中取消选中【接收阴影】或【投影阴影】复选框。

1.2.2 【强度/颜色/衰减】卷展栏

【强度/颜色/衰减】卷展栏是标准的附加参数卷展,如图 4-14 所示。它主要对灯光的颜色、强度以及衰减进行设置。

(1)【倍增】:对灯光的照射强度进行控制,标准值为 1。如果设置为 2,则照射强度会增加一倍;如果设置为负值,将会产生吸收光的效果。

颜色块:用于设置灯光的颜色。

(2)【衰退】选项组:用来降低远处灯光的照射强度。

①类型:在其下拉列表框中有 3 个衰减选项,即无、倒数、平方反比。

②开始:该微调框定义了灯光发生衰减的范围。

③显示:显示进行衰减的范围。

(3)【近距衰减】选项组:用来设置灯光从开始衰减到衰减程度最强的区域。

①使用:决定被选择的灯光是否使用它被指定的衰减范围。

②开始:设置灯光开始淡入的位置。

③显示:如果选中该复选框,在灯光的周围会出现表示灯光衰减开始和结束的圆圈。

④结束:设置灯光衰减结束的地方,也就是灯光停止照明的距离。在开始衰减和结束衰减之间灯光按线性衰减。

(4)【远距衰减】选项组:用来设置灯光从开始衰减到完全消失的区域。

①使用:决定灯光是否使用它被指定的衰减范围。

②开始:该微调框定义了灯光不发生衰减的范围,只有在此开始照明更远的照射范围灯光才开始发生衰减。

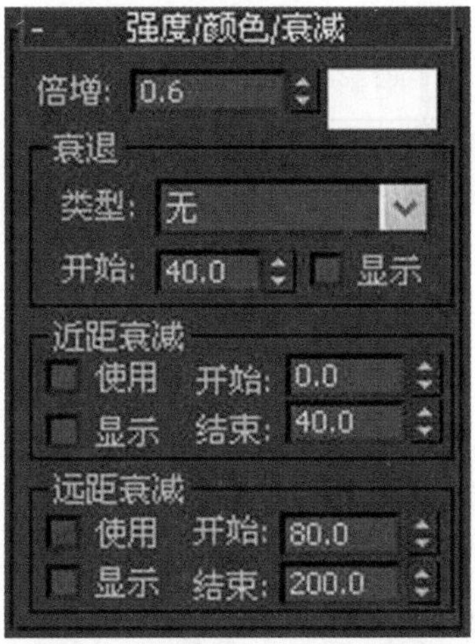

图 4-14 【强度/颜色/衰减】卷展栏

③显示:选中该复选框会出现表示灯光衰减开始和结束的圆圈。

④结束:设置灯光衰减结束的地方,也就是灯光停止照明的距离。

1.2.3 【高级效果】卷展栏

【高级效果】卷展栏提供了灯光影响曲面方式的控件,也包括很多微调和投影灯的设置,如图 4-15 所示。各项参数功能说明如下。

(1)【影响曲面】选项组。

①对比度:光源照射在物体上,会在物体的表面形成高光区、过渡区、阴影区和反光区。

②柔化漫反射边:柔化过渡区与阴影表面之间的边缘,避免产生清晰的明暗分界。

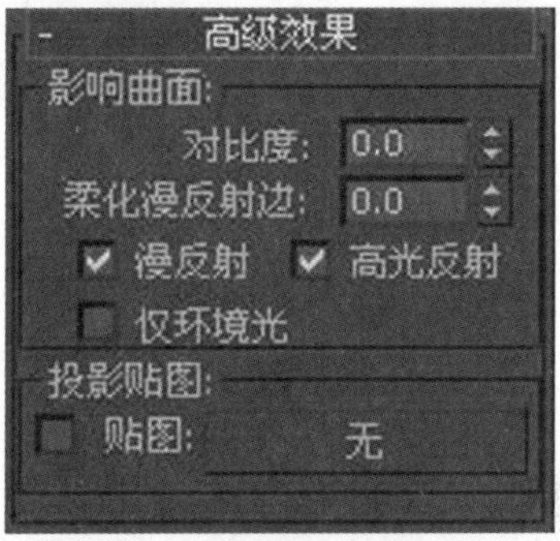

图 4-15 【高级效果】卷展栏

③漫反射:漫反射区就是从对象表面的亮部到暗部的过渡区域。在默认状态下,此复选框处于选中状态,这样光线才会对物体表面的漫反射产生影响。如果复选框没有被选中,则灯光不会影响漫反射区域。

④高光反射:也就是高光区,是光源在对象表面上产生的光点。此复选框用来控制灯光是否影响对象的高光区域。在默认状态下,此复选框为选中状态。如果取消选中该复选框,灯光将不影响对象的高光区域。

⑤仅环境光:选中该复选框,照射对象将反射环境光的颜色。在默认状态下,该复选框为非选中状态。

(2)【投影贴图】选项组。

【贴图】:选中该复选框,可以通过选择要投射灯光的贴图,使灯光对象成为一个投影。投射的贴图可以是静止的图像或者动画,如图 4-16所示。该图中的光柱的效果需要在后面的【大气和效果】中添加【体积光】,其光柱的明暗等参数则可单击设置来修改,也可以通过【渲染】/【环境】对话框中的【体积光】一栏修改。

1.2.4 【阴影参数】卷展栏

【阴影参数】卷展栏中的参数用于控制阴影的颜色、浓度以及使用贴图来代替颜色作为阴影，如图 4-17 所示。其各项目的功能说明如下。

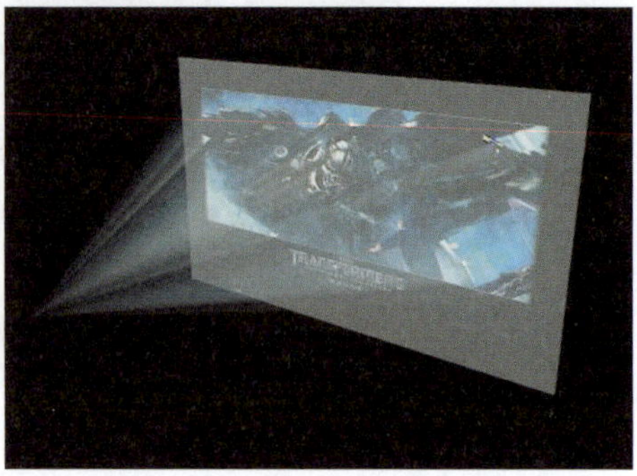

图 4-16　灯光投影效果

(1)【对象阴影】选项组：用于控制对象的阴影效果。

①颜色：用于设置阴影的颜色。

②密度：设置较大的数值产生一个粗糙、有明显的锯齿状边缘的阴影；相反，阴影的边缘会变得比较平滑。

③贴图：选中该复选框可以对对象的阴影投射图像，但不影响阴影以外的区域。在处理透明对象的阴影时，可以将透明对象的贴图作为投影图像投射到阴影中。

④灯光影响阴影颜色：选中该复选框，将混合灯光和阴影的颜色。

(2)【大气阴影】选项组：用于控制允许大气效果投射的阴影。

①启用：如果选中该复选框，当灯光穿过大气时，大气投射阴影。

②不透明度：调节大气阴影的不透明度的百分比数值。

③颜色量：调整大气的颜色和阴影混合的百分比数值。

1.2.5 【阴影贴图参数】卷展栏

【阴影贴图参数】卷展栏主要是对偏移、大小、采样范围、绝对贴图偏移、双面阴影等选项进行控制，如图 4-18 所示。其各项目的功能说明如下。

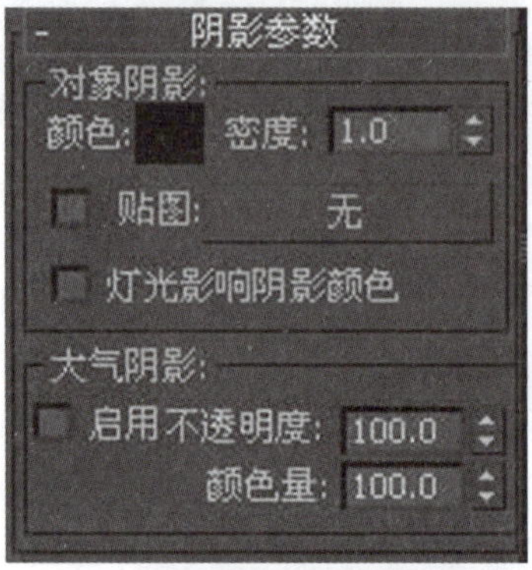

图 4-17　【阴影参数】卷展栏

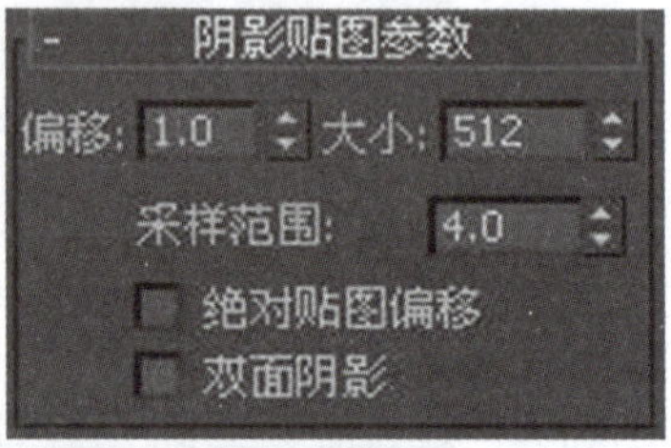

图 4-18　【阴影贴图参数】卷展栏

①偏移：该微调框通常用来确定阴影贴图与投射对象之间的精确性。偏移值越高，阴影与对象离得就越远；偏移值越低，阴影与对象靠得越近。

②大小：用来确定阴影贴图的大小，如果图的阴影面积较大，应提高此值，否则阴影将会像素化，边缘会有锯齿。

③采样范围：设置阴影中边缘区域的模糊程度，值越高，阴影边界越模糊。

④绝对贴图偏移：选中该复选框，阴影贴图的偏移未标准化，但是该偏移在固定比例上以 Max 为单位表示。在设置动画时，无法更改该值。

⑤双面阴影：选中该复选框，计算阴影时背面将不被忽略。从内部看到的对象不由外部的灯光照亮，这样将花费更多渲染时间。取消选中该复选框后，将忽略背面，渲染速度更快，但外部灯光将照亮对象的内部，默认设置为启用。

1.2.6 【大气和效果】卷展栏

【大气和效果】卷展栏用于指定、删除和设置与灯光有关的大气及渲染特效参数，如图 4-19 所示。单击【添加】按钮，会弹出【添加大气或效果】对话框，如图 4-20 所示，用于为灯光添加大气和渲染效果；单击【删除】按钮可以删除列表中选中的大气或渲染效果，列表中会显示当前灯光所指定的所有大气和渲染效果；单击【设置】按钮可以对列表中选中的大气或渲染效果进行设置。

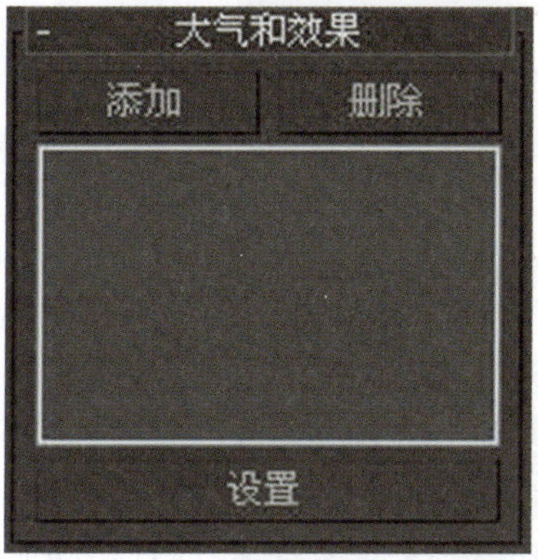

图 4-19 【大气和效果】卷展栏

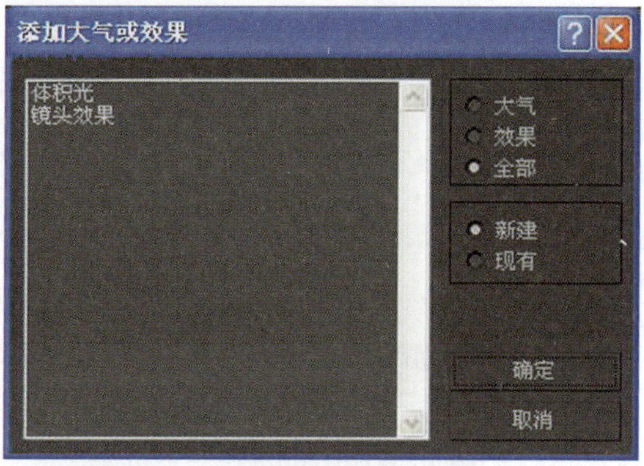

图 4-20 【添加大气或效果】对话框

2 光度学灯光

光度学灯光使用光度学（光能）值，通过这些值可以更精准地定义灯光，就像在真实世界一样。用户可以创建具有各种分布和颜色特性的灯光，或导入照明制造商提供的特定光度学文件。

2.1 光度学灯光类型

光度学灯光类型包含目标灯光、自由灯光和 mr Sky 门户 3 种类型，如图 4-21 所示。

图 4-21 光度学灯光面板

2.1.1 目标灯光

目标灯光具有可以用于指向灯光的目标子对象，可采用球形分布、聚光灯分布以及 Web 分布方式。

2.1.2 自由灯光

自由灯光不具备目标子对象，可以通过变换瞄准它。自由灯光采用球形分布、聚光灯分布以及 Web 分布。

2.1.3 mr Sky 门户

mr(mental ray) Sky（天空）门户对象提供了一种“聚集”内部场景中的现有天空照明的有效方法，无需高度最终聚集或全局照明设置(这会使渲染时间过长)。实际上,门户就是一个区域灯光,从环境中导出其亮度和颜色。

提示:为使 mr Sky 门户正确工作,场景必须包含天光组件。此组件可以是 IES 天光、mr 天光,也可以是天光。

2.2 光度学灯光的分布功能

光度学灯光具有 4 种分布方式:统一球形、统一漫反射、聚光灯和光度学 Web,如图 4-22所示。不同的分布类型可产生不同的发光效果和阴影效果,如图 4-23 所示。

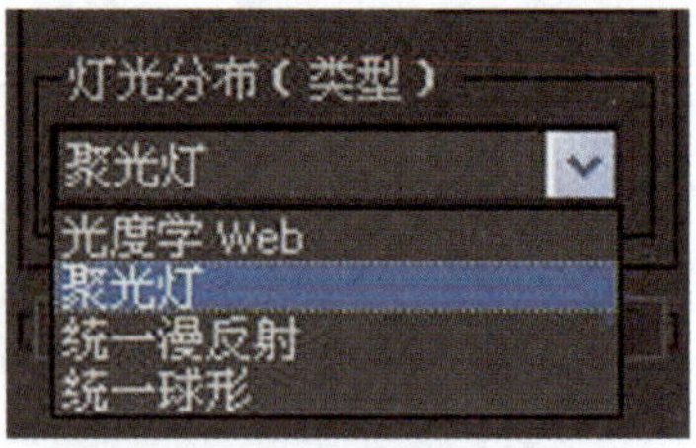

图 4-22 光度学灯光分布面板

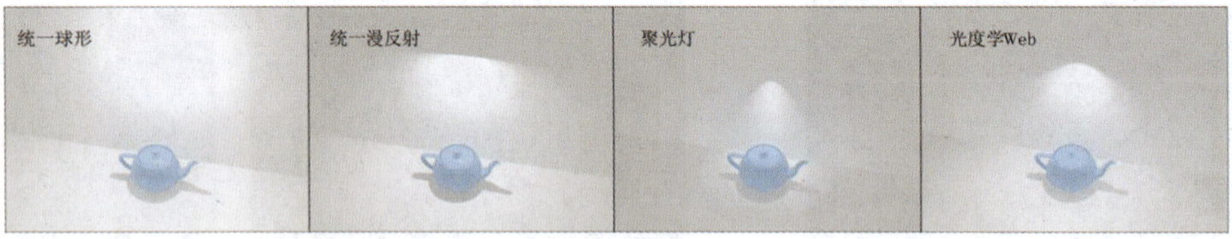

图 4-23 不同分布方式的效果

(1)统一球形:如其名称所示,可在各个方向上均匀分布灯光。

(2)统一漫反射:分布仅在半球体中发射漫反射灯光,就如同从某个表面发射灯光一样。统一漫反射分布遵循 Lambert 余弦定理,从各个角度观看灯光时,它都具有相同明显的强度。

(3)聚光灯:聚光灯分布就是像闪光灯一样投影集中的光束,或者像剧院中投影灯下面的聚光。当灯光光束角度的强度衰减到 50% 时,区域角度的强度值会逐渐减小并接近于 0。

(4)光度学 Web:使用光度学 Web 定义分布灯光,Web 定义存储在文件中。光域网是光源灯光强度分布的 3D 表示,许多照明制造商可以提供为其产品建模的 Web 文件,这些文件通常在 Internet 上可用。

Web 文件可以 IES、LTLI 或 CIBSE 格式,指定其控件位于“分布(光度学文件)”卷展栏上。光度学 Web 中调入不同的光域网文件则效果也完全不同,如图 4-24 所示。

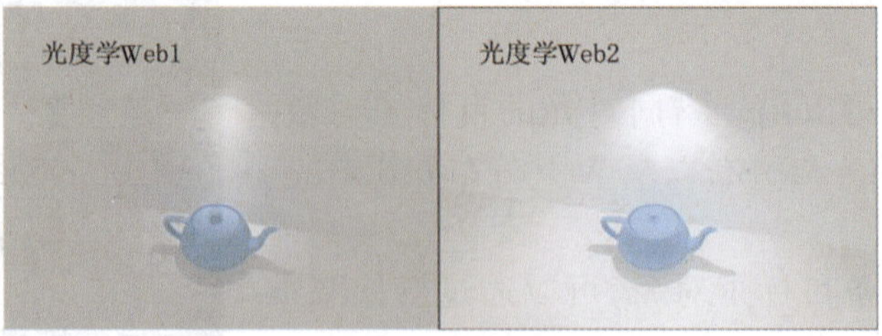

图 4-24 不同 Web 光域网的效果

2.3 用于生成阴影的灯光图形

如果所选分布影响灯光在场景中的扩散方式,灯光图形会影响对象投影阴影的方式,此设置需单独进行选择。通常,较大区域的投影阴影较柔和。在【图形/区域阴影】卷展栏中可以设置生成阴影的灯光图形，如图 4-25所示。

(1)点光源：效果就像几何点(如裸灯泡)在发射灯光一样。

(2)线：效果就像线形(如荧光灯)在发射灯光一样。

(3)矩形：效果就像矩形区域(如天光)在发射灯光一样。

(4)圆形：效果就像圆形(如圆形舷窗)在发射灯光一样。

(5)球体：效果就像球体(如球形照明器材)在发射灯光一样。

(6)圆柱体：效果就像圆柱体(如管形照明器材)在发射灯光一样。

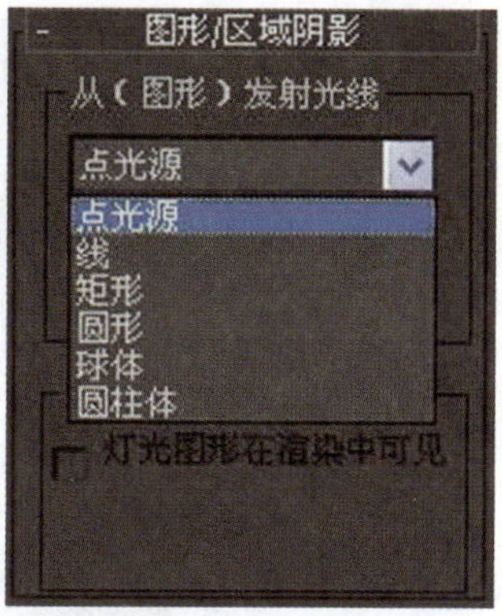

图 4-25　【图形/区域阴影】卷展栏

3　VRay 灯光

VRay 除了支持 3ds Max 的【标准灯光】和【光度学灯光】，还提供了自己的灯光面板，由【VR_光源】、【VR_IES】、【VR_环境光】、【VR_太阳】组成，如图 4-26所示。

(1)VR_光源：主要用来模拟室内光源。

(2)VR_IES：是一个 V 形的射线光源插件，可以用来加载 IES 灯光，能使现实中的灯光分布更加逼真。

(3)VR_环境光：可以模拟出真实的光照效果。

(4)VR_太阳：主要用于模拟真实的室外太阳光。

下面进行详细的学习。

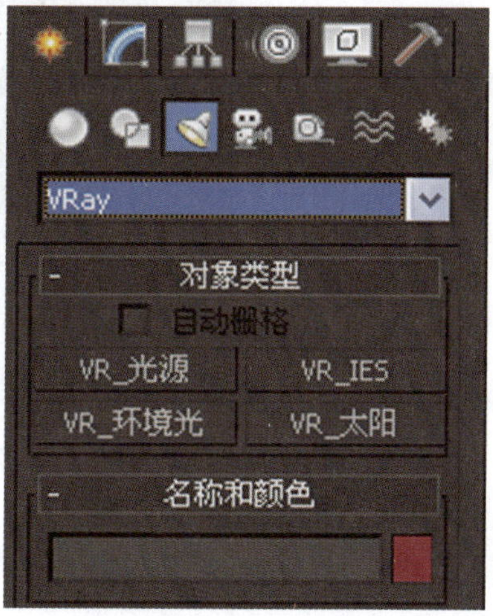

图 4-26　VRay 灯光面板

3.1　VR_光源

VR_光源是最常用的灯光之一。参数比较简单，但是效果非常逼真。一般常用来模拟柔和的灯光、灯带、台灯灯光。具体参数如图 4-27 所示。

(1)【基本】选项组。

①开：控制是否开启 VR_光源。

②排除：用来排除灯光对物体的影响。

③类型：在右侧的下拉列表中一共有 4 种灯光类型，分别是【平面】、【穹顶】、【球体】和【网络体】。

(2)【亮度】选项组。

①单位：灯光的强度单位，一般选择【默认(图像)】即可。

②倍增器：调整灯光的亮度。

③模式：可以根据“颜色”和“色温”来设置灯光的颜色。

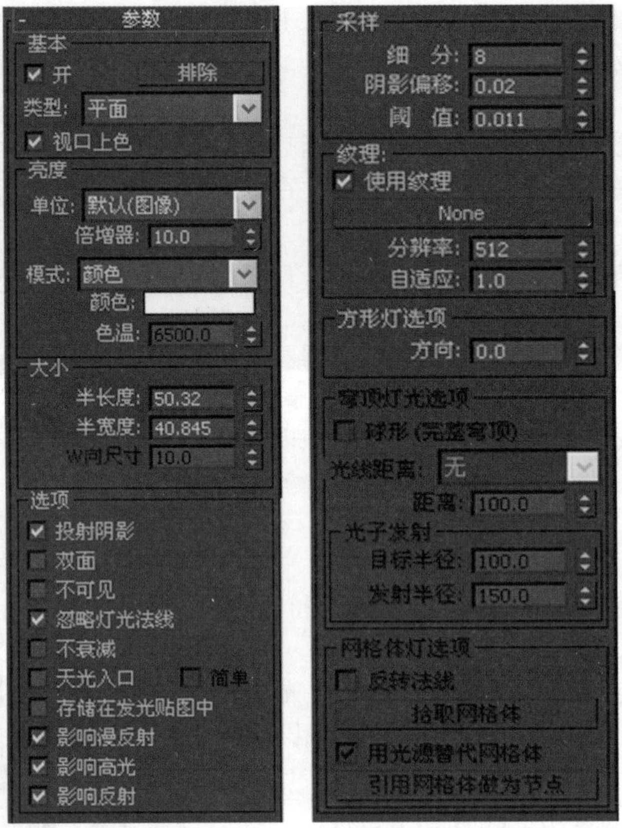

图 4-27　VR_光源参数面板

(3)【大小】选项组。

①半长度:平面灯光长度的一半,如果灯光类型选择【球体】,这里的参数就变成半径了。

②半宽度:平面灯光宽度的一半,如果灯光类型选择【穹顶】或者【球体】,这里的参数不可用。

③【W 向尺寸】:由于 VR_光源是二维的,因此该项一般情况下不可用。

(4)【选项】选项组。

①投射阴影:用来控制灯光是否产生阴影,如图 4-28 所示。

②双面:用来控制灯光的双面都产生照明效果,当灯光类型为"平面"时才有效,其他灯光类型无效。

③不可见:用来控制渲染后是否显示灯光,在设置灯光的时候一般将这个选项勾选。

④忽略灯光法线:光源在任何方向上发射的光线都是均匀的,不勾选时,光线将依照光源的法线向外照射。

从图 4-28 中,可以看出【忽略灯光法线】的作用。勾选它时,不按照光线的法线发射光线;不勾选它时,按照光线的法线发射光线,光影更加柔和。

⑤不衰减:在物理世界中,所有的光线都是有衰减的,如果将这个选项取消,VR_光源将不计算灯光的衰减效果。

图4-28 VR_光源各选项的效果

⑥天光入口:如果勾选了该选项,前面设置的很多参数都将被忽略,将被VRay的天光参数代替。这时的VRay灯就变成了GI灯,失去了直接照明。

⑦存储在发光贴图中:如果使用发光贴图来计算间接照明,勾选该选项后,发光贴图会存储灯光的照明效果,有利于快速渲染场景。当渲染完光子的时候,可以把这个VRay灯光关闭或者删除,它对最后的渲染效果没有影响,因为它的光照信息已经保存在发光贴图里。

⑧影响漫反射:该选项决定灯光是否影响物体材质属性的漫反射。

⑨影响高光:该选项决定灯光是否影响物体材质属性的高光。

⑩影响反射:该选项决定灯光是否影响物体材质属性的镜面。

(5)【采样】选项组。

①细分:控制VR_光源的采样细分,该选项用来控制渲染后的品质。数值越低,杂点越多,渲染速度快;数值越高,杂点越少,渲染速度慢。

②阴影偏移:该选项用来控制物体与阴影偏移的距离,一般保持默认即可。

③阈值:设置采样的最小阈值。

(6)【纹理】选项组。

①使用纹理:控制是否用纹理贴图作为半球光源。

②None:选择贴图通道。

③分辨率:设置纹理贴图的分辨率,最高为2048。

(7)【穹顶灯光选项】选项组。

球形(完整穹顶):这个选项没有什么具体的意义。

使用纹理:该选项允许用户使用贴图作为半球光的光照。

分辨率:贴图光照的计算精度,最大为2048。

目标半径:该选项定义光子从什么地方开始发射。

发射半径:该选项定义光子从什么地方开始结束。

建议用户无论是在研究哪一部分的选项,都要多做测试。通过测试就会更深刻地理解每个选项的含义,这样才能为以后制作高品质的效果图打下好基础。千万不要死记硬背选项,一定要从原理层次去理解选项,这才是学习的硬道理。

3.2 VR_IES

VR_IES是一个V形射线特定光源插件,可用来加载IES灯光,使现实世界的光布得更加逼真(IES 文件)。VR_IES 和 MAX 光度学中的灯光类似,其参数面板如图 4-29 所示。

(1)开启:打开和关闭 VR_IES 光。

(2)目标:使 VR_IES 具有针对性。

(3)IES 文件按钮 None :指定的定义光分布文件。

(4)中止值:指定了一个光的强度,低于该灯将无法计算的门槛。

(5)阴影偏移:偏见走向或远离的阴影投射对象的影子。

(6)投射阴影:光投射阴影,取消该复选框将禁用光线阴影投射。

(7)影响漫反射:影响场景中物体的漫反射。

(8)影响高光:影响场景中物体的高光。

(9)使用光源形状:选中该复选框,IES 光指定光源形状将被考虑在计算阴影内。

(10)形状细分:控制 VRay 需要计算照明的样本数量。

(11)色彩模式:有色彩和色温两个选项。

(12)色彩:控制灯光的颜色。

(13)色温:该参数决定了光的颜色温度(开尔文)。

(14)功率:确定流明光的强度。

(15)区域高光:当取消选中该复选框时,特定的光将呈现为一个点光源在进行镜面反射。

(16)【排除】按钮:排除从照明和阴影中投射的对象。

图 4-29　VR_IES 参数面板

3.3　VR_环境光

VR_环境光与标准灯光下的天光类似,是特定的光源插件,可用于创建光(不从一个特定的方向)。主要用来控制整体环境的效果,其面板参数如图 4-30 所示。

(1)开启:打开和开启 VR_环境光。

(2)模式:有三种模式:①直接光 + 全局光,②直接光,③全局光。

(3)全局光最小距离:全局光照射的最小距离值。

(4)颜色:指定哪些射线是由 VR_环境光影响的。

(5)强度:控制 VR_环境光的强度。

(6)灯光贴图:指定 VR_环境光的贴图。

图 4-30　VR_环境光参数面板

(7)曝光补偿:VR_环境光和 VR_物理摄影机共同使用。

其余项作用同前。

3.4 VR_太阳

VR_太阳是 VRay 光源中非常重要的灯光类型，主要用来模拟日光的效果，数量减少，调节方便，但是效果非常逼真。在单击【VR_太阳】按钮时会弹出【VR_Sun】对话框，单击【yes】即可。VR_太阳具体参数如图 4-31 所示。

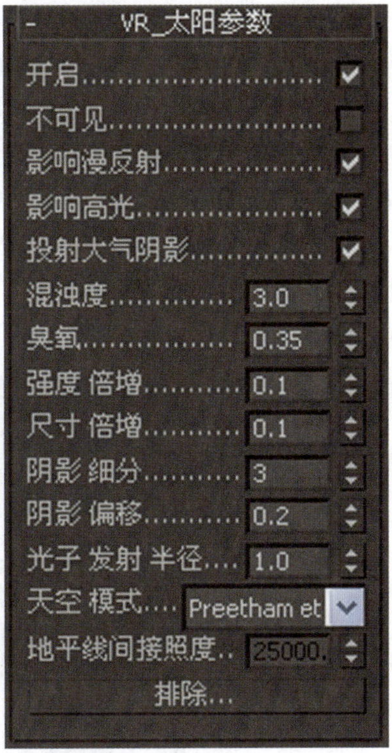

图 4-31 VR_太阳参数面板

(1)开启：打开或者关闭 VR_太阳。

(2)不可见：没有什么实际性的意义。

(3)混浊度：就是空气的混浊度，能影响太阳和天空的颜色。如果数值小，表示是晴朗干净的空气，颜色比较蓝；如果数值大，表示是阴天有灰尘的空气，颜色呈橘黄色。

(4)臭氧：是指空气中氧的含量。如果数值小，表示阳光比较黄；如果数值大，表示阳光比较蓝。

(5)强度倍增：是指阳光的亮度。默认值为 1，场景会出现很亮、曝光的效果，一般情况下使用标准摄影机的话，亮度设置为 0.01 ~ 0.005；如果使用 VR 摄影机的话，亮度默认就可以了。

(6)尺寸倍增：是指太阳的大小。数值越大，阴影的边缘越模糊；数值越小，边缘越清晰。

(7)阴影细分：用来调整阴影的质量。数值越大，阴影质量越好，没有杂点。

(8)阴影偏移：用来控制阴影与物体之间的距离。

(9)光子发射半径：半径越大，照射范围越大。

其余选项意义及作用同前。

任务 3 设置灯光的原则和技巧

每位设计师都有自己习惯的一套灯光布局方式，这些方式虽然不尽相同，但是都能达到较为理想的效果，所以从严格意义上讲，灯光布局没有一个固定的模式。经过多年的工作经验，总结了一套相对实用的灯光布局原则和过程，只要遵循这些原则，一般都能达到较为理想的效果。该原则就是实际布光原则，在此基础上搭配上必要的辅助光源来照亮整个室内空间，达到整体较优的效果。

1 实际布光原则

实际布光原则，顾名思义就是按照室内光源位置来设置灯光，即哪处设置了灯就在哪处为其设置灯光，有什么类型的灯就选择用什么类型的灯光来布置。

一般室内灯光效果主要有筒灯、吊灯、壁灯、台灯、槽灯等，再加上室外灯光，将这些糅合在一起，就构成了室内空间的整体光的来源。

筒灯一般使用锥形光(如自由聚光灯)或者调用光域网文件来模拟其效果。

吊灯、壁灯、台灯大部分使用光域网来模拟,台灯也可以用 VR_光源(球体)来模拟。

槽灯则一般采用 VR_光源(面光源)或者 VR_发光材质来模拟。

室外灯光则可以用 VR_光源(面光源)和 VR_阳光组合使用,也可以采用 VR_光源(面光源)和 VR_发光材质组合一起使用。

往往在按照实际布光原则布光完成后,渲染出的效果图整体仍然不够理想,整体光线或者某个局部还是比较暗淡,这时,就需要适当地布一些补光来弥补这一缺憾。

下面我们来制作一张室内效果图,如图 4-32 所示。

图 4-32　酒店式公寓灯光渲染图

2　筒灯效果的制作步骤

筒灯在效果图制作中经常遇到,主要通过创建【目标灯光】的【光度学_Web】来表现,也可以用【自由灯光】的【光度学_Web】或者【VR_IES】来表现,其效果是一致的。不同的光域网表现的光效是不一样的,要根据不同的筒灯来选择不同的光域网。首先,为该室内模型创建筒灯模拟光,其效果如图 4-33 所示。

步骤 1. 启动 3ds Max 2012 软件。

步骤 2. 打开教学课件/项目 4/灯光模型案例/灯光案例. max 文件。

步骤 3. 单击(灯光)|【自由灯光】按钮,在前视图床头顶部筒灯位置创建一盏自由灯光,将它移动到任意一盏筒灯的位置,如图 4-34 所示。

步骤 4. 选中刚创建的灯光,单击(修改)按钮,选择【修改】命令按钮,启动【阴影】选项,阴影方式选择【VRayShadow】选项,在【灯光分布(类型)】卷展栏下拉列表框中选择【光度学 Web】(光域网)选项,如图 4-35 所示。

步骤 5. 在【分布(光度学 Web)】卷展栏中单击【无】按钮,在弹出的【打开光域网】对话框中选择教学课件中"场景/TD－029. IES"文件,并调整灯光颜色参数,选一个偏暖色调的色彩,如图 4-35 所示。

图 4-33 酒店式公寓筒灯渲染图

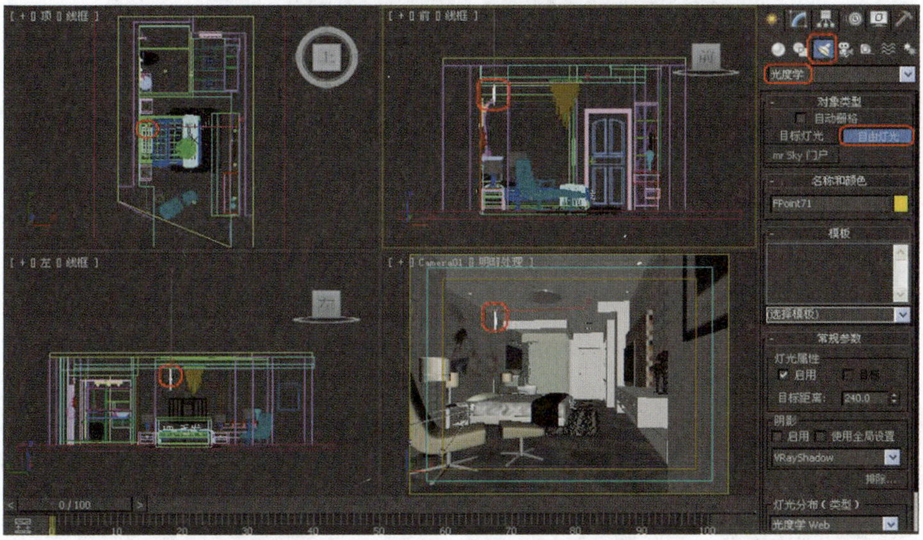

图 4-34 自由灯光位置

> 技巧提示：如果感觉选择的光域网不太理想，可以重新为它指定一个光域网文件，这要看灯光需要表现的效果及周围的整体感觉。

步骤 6. 将【自由灯光】的强度修改为 28000.0，然后在顶视图中用实例的方式克隆(实例)几盏，并将其分别移动到相对应的筒灯下面。

步骤 7. 按“F10”键，打开【渲染场景】对话框，然后将 VRay 指定为当前渲染器。

步骤 8. 在【渲染场景】对话框中选择【渲染器】选项卡，调整一下【V－Ray：帧缓存】、【V－Ray：全局开关】、【V－Ray：图像采样器(抗锯齿)】、【V－Ray：颜色映射】、【V－Ray：间接照明(全局照明)】、【V－Ray：发光贴图】和【V－Ray：灯光缓存】卷展栏中的参数，如图 4-36 所示。

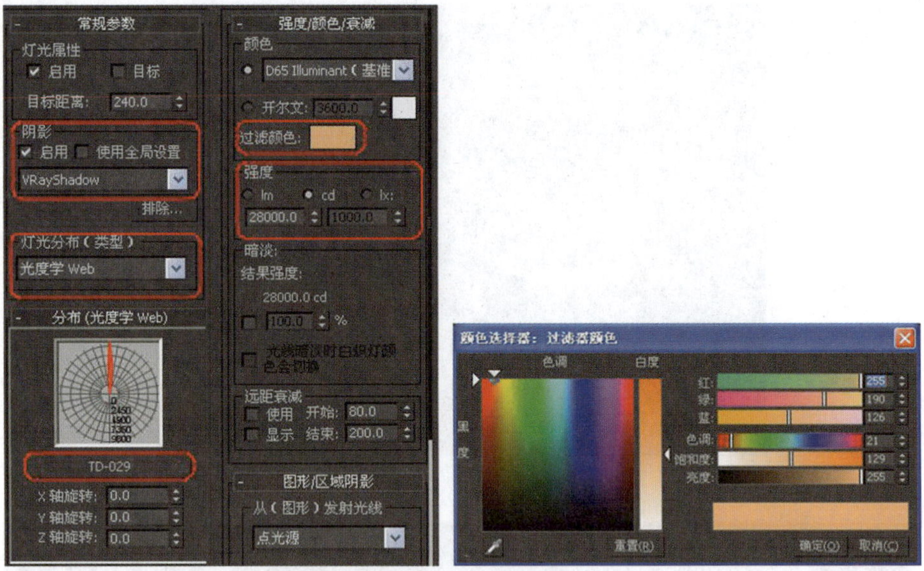

图 4-35　自由灯光位置

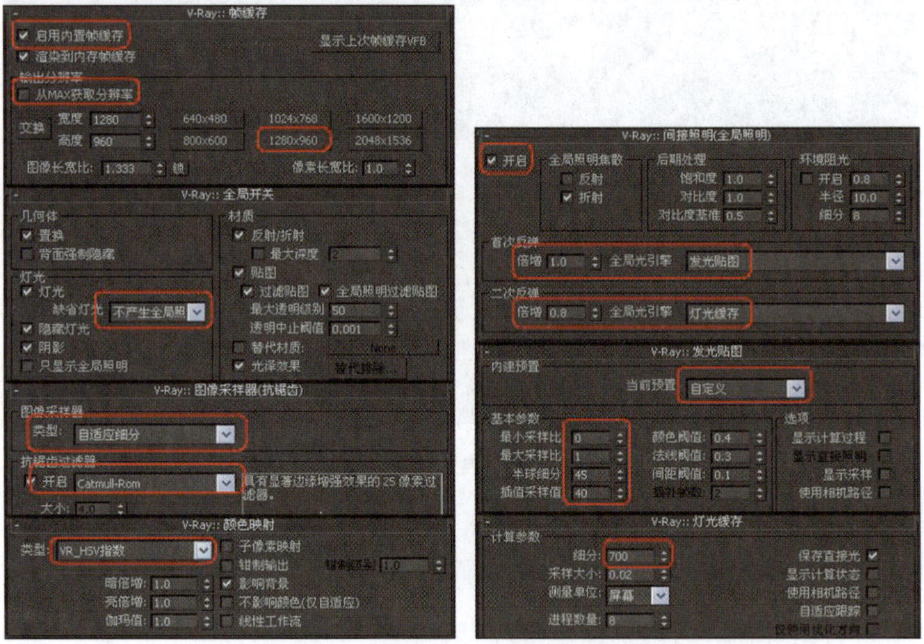

图 4-36　VRay 渲染参数面板设置

步骤 9. 按"Shift" + "Q"键,快速渲染摄影机视图,效果如图 4-33 所示。

步骤 10. 单击菜单栏中的【Max 图标】|【另存为】命令,将此线架保存为"筒灯渲染.max"文件。

3　台灯效果的制作

在表现台灯效果的时候,同样可以采用光域网,也可以采用 VR 球型灯来表现,这个要根据实际的情况来决定，VR 球型灯的阴影要比光域网的阴影效果好一些。下面用 VR 球型灯来创建台灯效果，如图 4-37 所示。

图 4-37　酒店式公寓台灯渲染图

步骤 1. 单击(灯光)|【VR_光源】按钮，首先在【类型】右侧的下拉列表中选择【球体】选项，在顶视图中单击鼠标，创建一盏 VR 球型灯，放置在合适的位置。将灯光的颜色设置为暖色（红、绿、蓝的值分别为 255、201、149），其参数设置及位置如图 4-38所示。

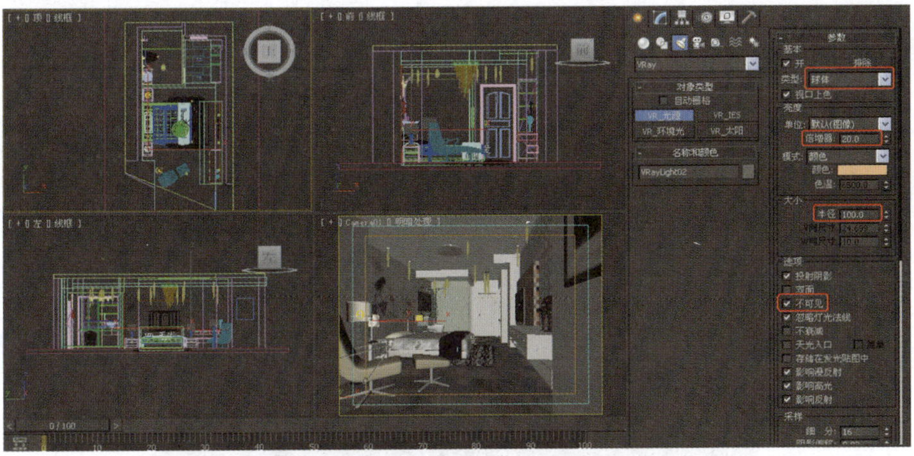

图 4-38　VR 球型灯的参数设置及位置

步骤 2. 克隆（实例）一盏到另一床头的台灯处，调整好位置，再克隆（复制）一盏到落地灯的位置，并修改参数设置，如图 4-39 所示。

步骤 3. 按“F10”键，打开【渲染场景】对话框，然后将 VRay 指定为当前渲染器，并按照“2　筒灯效果的制作步骤”步骤 8 来设置 VRay【渲染器】的各项参数。

步骤 4. 按“Shift” + “Q”键，快速渲染摄影机视图，如图 4-37 所示。

步骤 5. 单击菜单栏中的【文件】|【另存为】命令，将此线架保存为“台灯渲染. max”文件。

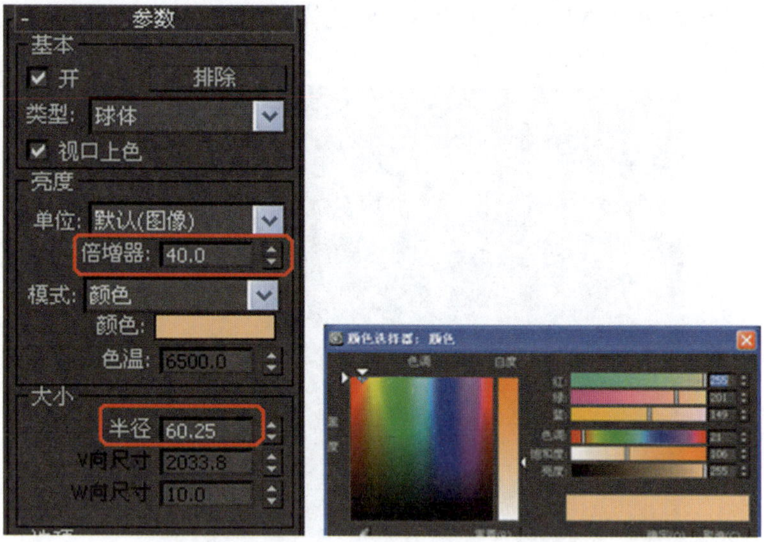

图 4-39　落地台灯 VR 球型灯的参数设置

4　槽灯效果的制作

灯槽在效果图制作中也经常遇到，无论是在天花板上面还是在装饰墙上面，表现的时候可以采用两种方法：第一种方法是使用材质来表现，如一些圆形的灯槽；第二种方法是用 VR 平面光，如一些直线形的造型，如果用 VR 平面光来设置圆形灯槽就很不方便。此处采用第二种方法来制作灯槽的效果，如图 4-40 所示。

图 4-40　酒店式公寓槽灯渲染图

操作步骤：

步骤 1. 在顶视图中创建 VR_光源（平面），并将其移动到合适的位置和方向，如图 4-41所示。

步骤 2. 设置 VR_光源的各项参数，将灯光的颜色设置为暖色（红、绿、蓝的值分别为 255、230、191），如图 4-42 所示。

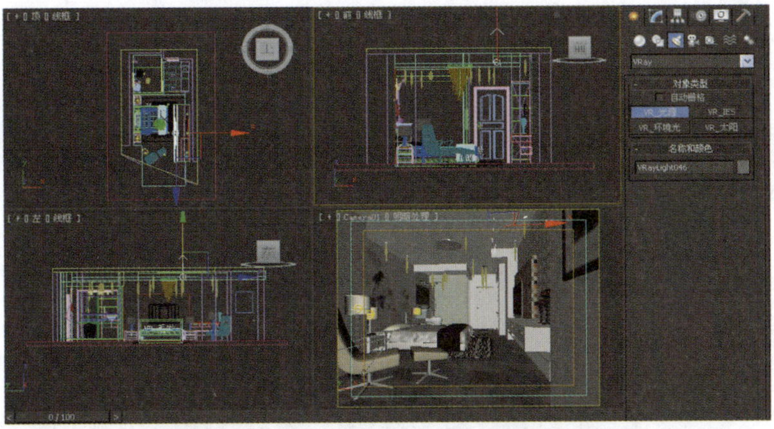

图 4-41 槽灯 VR_光源位置图

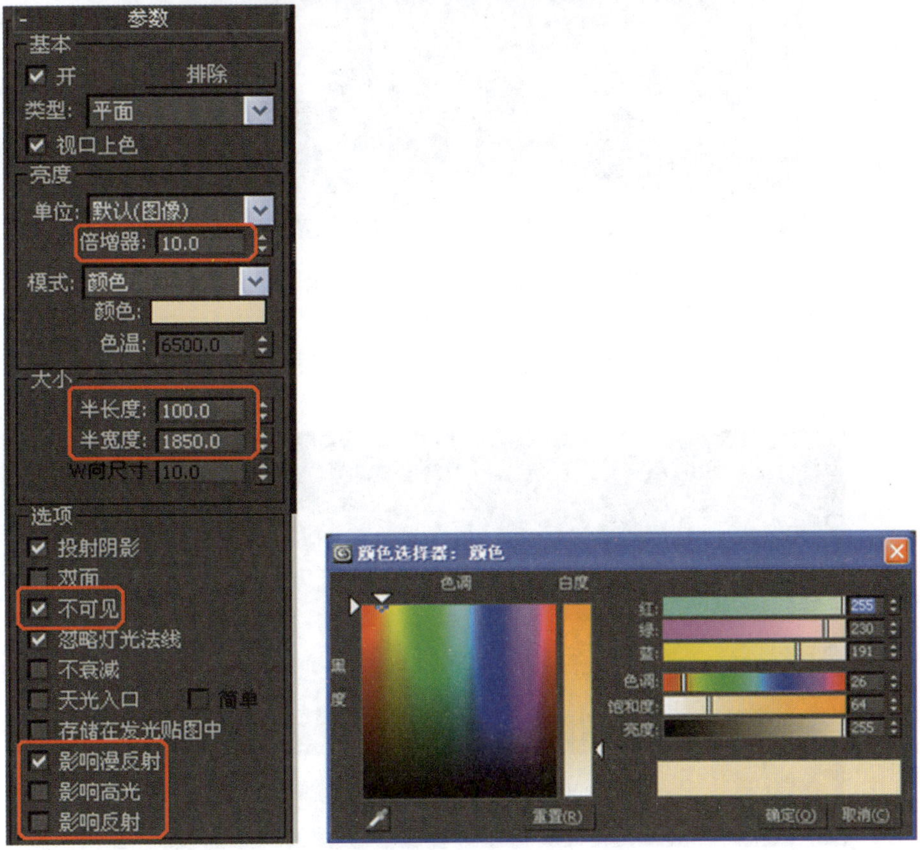

图 4-42 槽灯 VR_光源参数设置

步骤 3. 按“F10”键,打开【渲染场景】对话框,然后将 VRay 指定为当前渲染器,并按照“4.3.2 筒灯效果的制作步骤”步骤 8 来设置 VRay【渲染器】的各项参数。

步骤 4. 按“Shift” + “Q”键,快速渲染摄影机视图,如图 4-40 所示。

步骤 5. 单击菜单栏中的【文件】|【另存为】命令,将此线架保存为“槽灯渲染. max”文件。

5　室外光(日光)效果的制作

室外光则可以将 VR_光源(面光源)和 VR_阳光组合使用,也可以采用 VR_光源(面光源)和 VR_发光材质组合在一起使用。在此案例中就只用 VR_光源(面光源)来模拟室外光的制作效果,如图 4-43 所示。

图 4-43　酒店式公寓室外光渲染图

操作步骤:

步骤 1. 在前视图中创建 VR_光源(平面),并将其移动到合适的位置和方向,如图 4-44所示。

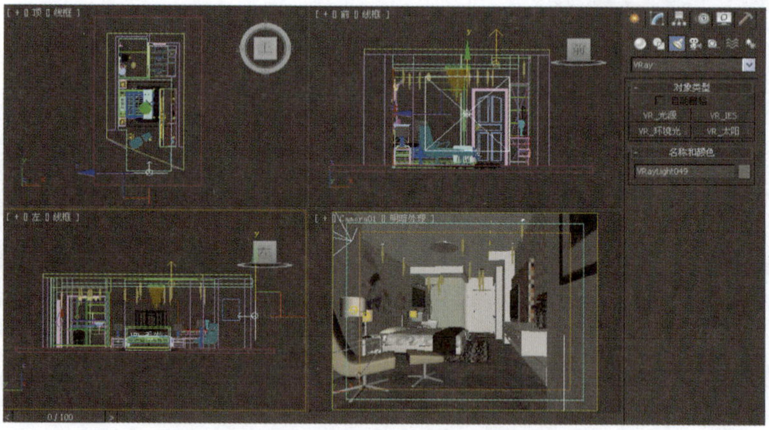

图 4-44　室外光 VR_光源位置图

步骤 2. 设置 VR_光源的各项参数,将灯光的颜色设置为暖色(红、绿、蓝的值分别为 210、228、255),如图 4-45 所示。

步骤 3. 按“F10”键,打开【渲染场景】对话框,然后将 VRay 指定为当前渲染器,并按照“2　筒灯效果的制作步骤”步骤 8 来设置 VRay【渲染器】的各项参数。

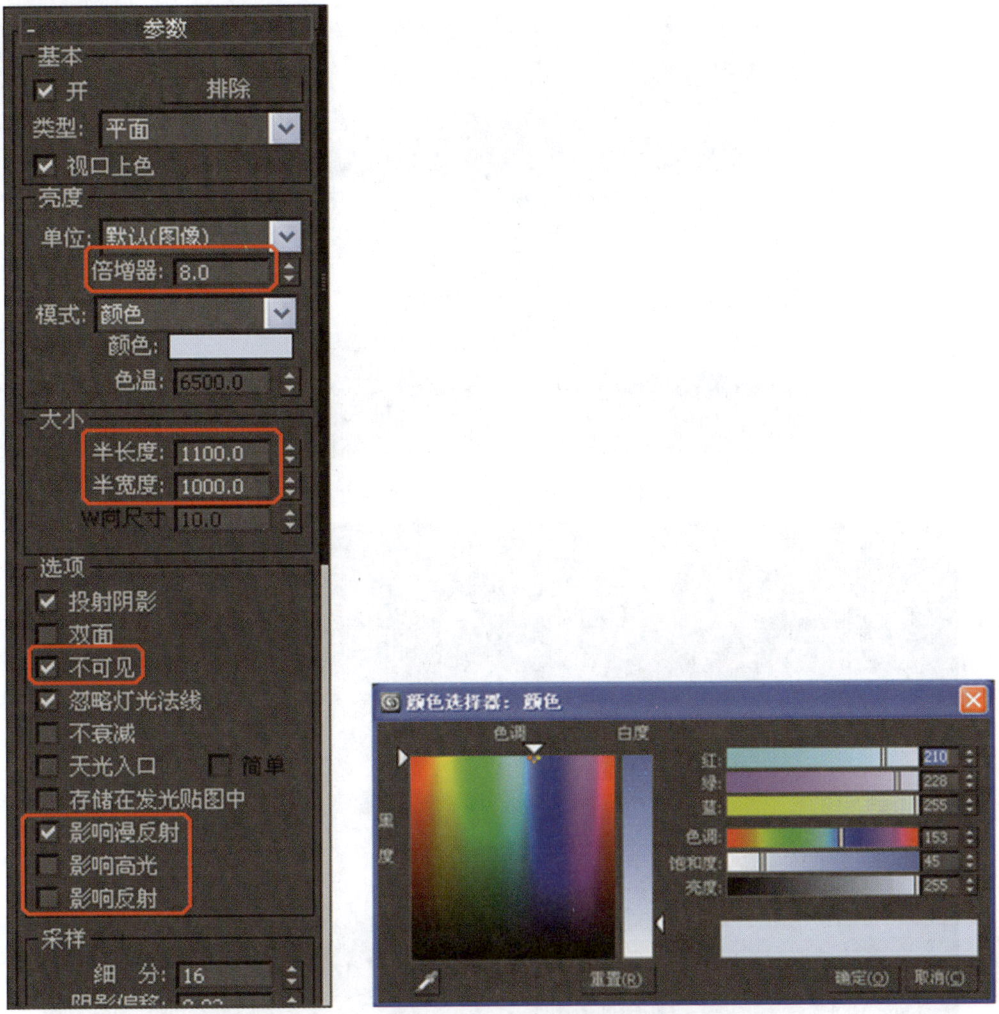

图 4-45　室外光 VR_光源参数设置

步骤 4. 按“Shift” + “Q”键，快速渲染摄影机视图，如图 4-43 所示。

步骤 5. 单击菜单栏中的【文件】|【另存为】命令，将此线架保存为“室外光渲染. max”文件。

6　整体补光效果的制作

在之前的过程中，都是根据实际布光原则来布置该场景的光照效果，从整体来看，该图的室内布光效果还是不错的，只是在室内空间还是欠缺点照明，下面就在内部空间布置一些补光来弥补这些不足，其效果如图 4-46 所示。

操作步骤：

步骤 1. 在前视图中创建 VR_光源（平面），并将其移动到合适的位置和方向，如图 4-47所示。

步骤 2. 设置 VR_光源的各项参数，将灯光的颜色设置为暖色（红、绿、蓝的值分别为

图 4-46　酒店式公寓室内补光渲染图

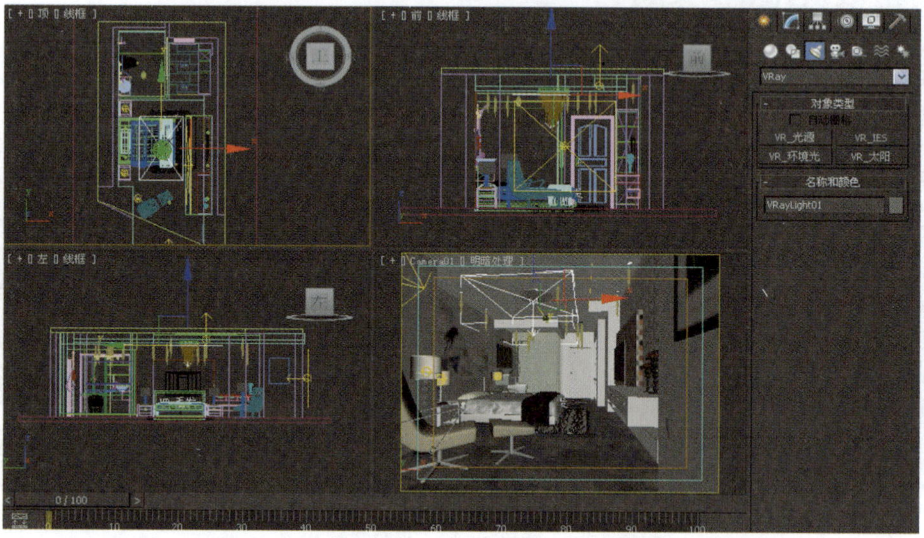

图 4-47　整体补光 VR_光源位置图及参数显示

230、243、255)，如图 4-48 所示。

步骤 3. 克隆(复制)该灯一盏，并调整其【大小】,【半长度】和【半宽度】分别为 850、1200，其他参数不变，放置于过道上方。再克隆(复制)该灯两盏，并分别将其【大小】调整为 500、500 和 700、260。将这两盏灯的颜色调整为 R:255、G:157、B:52。分别将这两盏灯放置于洗手间和浴室的上方，如图 4-49 所示位置。

步骤 4. 按“F10”键，打开【渲染场景】对话框，然后将 VRay 指定为当前渲染器，并按照“2　筒灯效果的制作步骤”步骤 8 来设置 VRay【渲染器】的各项参数。

步骤 5. 按“Shift” + “Q”键，快速渲染摄影机视图，如图 4-46 所示。

步骤 6. 单击菜单栏中的【文件】|【另存为】命令，将此线架保存为“整体渲染. max”文件。

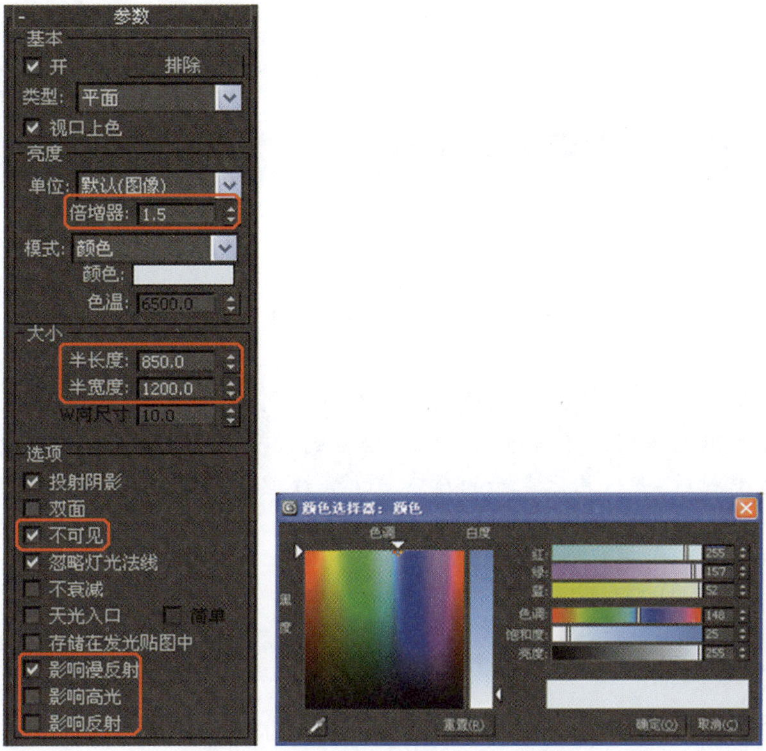

图 4-48　整体补光 VR_光源参数设置

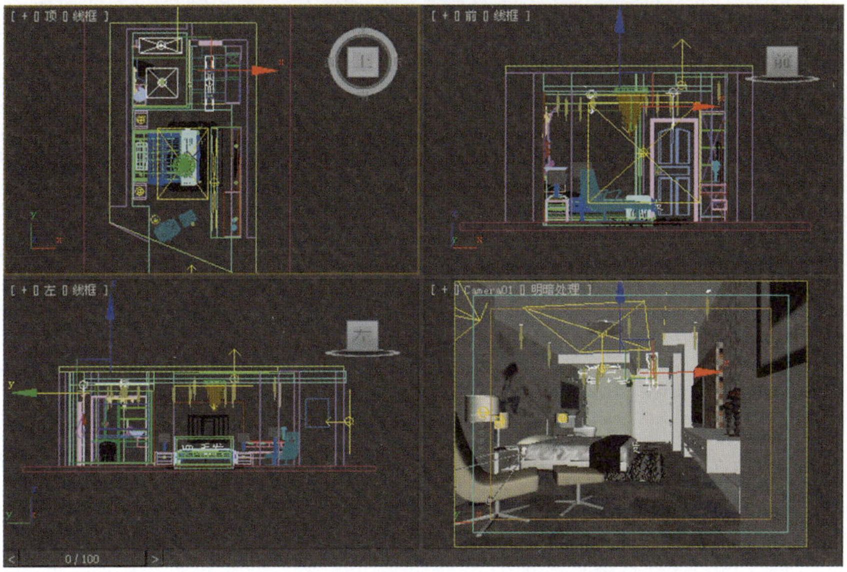

图 4-49　整体补光 VR_光源位置图

项目 5　材质与贴图

【知识要点】

材质编辑;贴图方法和贴图类别及贴图坐标的设置。

【教学目标】

掌握材质编辑的基本方法,正确使用基本参数颜色、高光、透明等的设置和调整;学会各种贴图方法和贴图类别的灵活运用及贴图坐标的设置;综合应用材质编辑器的强大功能正确创建各类材质,表达物体表面的质感、颜色、纹理、表面粗糙度等属性。

任务 1　3ds Max 材质编辑器

1　认识材质编辑器

什么是材质,从三维软件渲染表现的角度而言,材质就是物体表面显示出来的各项特征的综合,包括物体的色彩、纹理、透明度、反射、折射、凹凸及发光程度等。无论使用什么渲染工具都离不开这些要素,也正是具备了与现实物体一样的属性特征,三维环境中的物体才能被真实地表现出来。3ds Max 软件以及 VRay 系统自身带有多种材质和贴图类型,通过参数的设置,可以真实地模拟各类物体材质的效果,从而满足了我们渲染表现艺术效果的需求。

启动 3ds Max 2012 中文版,单击 M 键,打开材质编辑器(见图 5-1)。

(1)获取材质:用于材质的获取,可以从材质贴图浏览器中获取材质。

(2)将材质放入场景:将目标材质给予指定的物体。

(3)将材质指定给选定对象:将指定材质赋予视图中选定的对象。

(4)重置贴图/材质为默认设置:用于删除选定材质。

(5)生成材质副本:用于复制材质。

(6)使唯一:将关联复制材质转换为独立材质。

(7)放入库:将编辑好的材质放入材质库中。

(8)材质 ID 通道:有 0 ~ 15 号共计 16 种通道,可以将其中任意一个指定为 video post 通道。

(9)视口中显示明暗处理材质:在视窗中显示材质贴图效果。

(10)显示最终结果:在多个图层中使用时可以显示最终结果。

(11)转到父对象:合成多级材质、贴图时,单击返回上一级。

(12)转到下一个同级项:同一图层包含多个材质或贴图时,单击转到另一个贴图或材质。

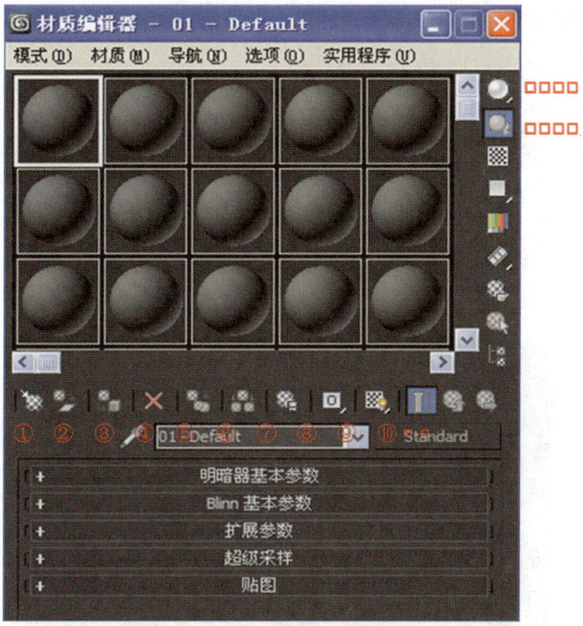

图 5-1　材质编辑器面板

(13)采样类型:设置样本的显示方式。

(14)背光:为样本添加背景光。

(15)背景:显示背景,调整高反射及折射物体应勾选此选项。

(16)采用 UV 平铺:设置贴图重复次数,只影响材质球,不会影响场景。

(17)视频颜色检查:输出视频信号时应勾选此选项,用以检查颜色。

(18)生成预览:对贴图中使用的动画功能显示确认。

(19)选项:用于调整样本框的参数。

(20)按材质选择:对场景中的物体按照材质类型进行选择。

2　明暗器基本参数介绍

明暗器基本参数如图 5-2 所示。

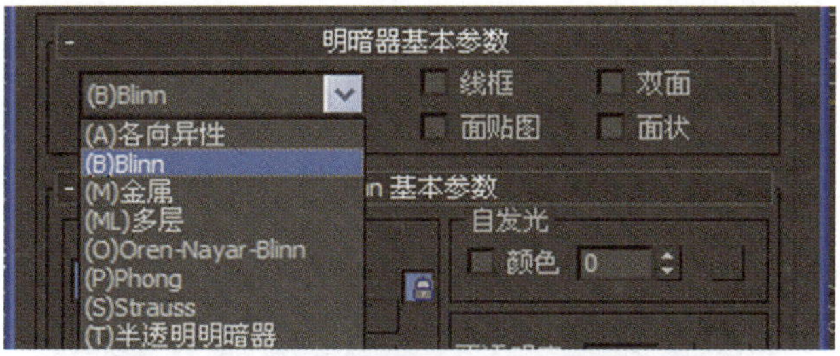

图 5-2　明暗器基本参数

(1)A 是高光部分呈现椭圆或流线型,主要用于金属、玻璃制品渲染。

(2)B 主要用于橡皮塑料,高光较弱。

(3)M 主要用于制作金属材质。

(4)ML 具备两个各向异性,可对各自的高中光进行调整。
(5)O 与 Blinn 功能类似,但高光更柔和。
(6)P 主要用于制作玻璃材质。
(7)S 主要用于制作类似金属材质的效果。
(8)T 主要用于制作半透明材质。

3　Blinn 基本参数介绍

Blinn 基本参数如图 5-3 所示。

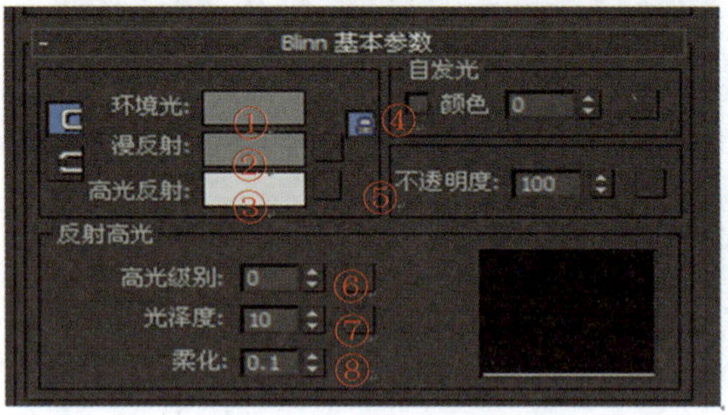

图 5-3　Blinn 基本参数

(1)环境光:物体受光时暗部的颜色。
(2)漫反射:受光源照射时,物体呈现的颜色。
(3)高光反射:物体受光时高光部分的颜色。
(4)颜色:使物体表面产生类似日光灯的发光效果。
(5)不透明度:用以调整透明程度,100 时为不透明。
(6)高光级别:用以调整高光部分的亮度。
(7)光泽度:物体受光照射部分的强度和幅度。
(8)柔化:调整高光部分的柔和程度。

4　扩展参数介绍

扩展参数如图 5-4 所示。

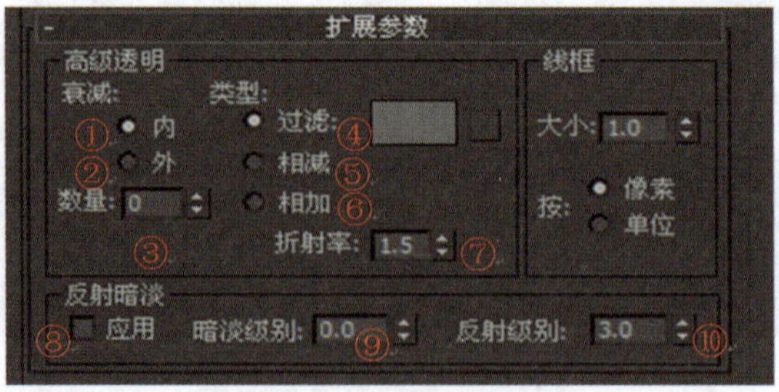

图 5-4　扩展参数

(1)内:从内侧表现透明度。
(2)外:从外侧表现透明度。

(3)数量:数值越高,透明度越高。
(4)过滤:3ds Max 默认设置,利于效果的表现。
(5)相减:减少背景颜色中的材质颜色。
(6)相加:增加背景颜色中的材质颜色。
(7)折射率:确定折射程度。
(8)应用:勾选时应用。
(9)暗淡级别:调整反射部分中除高光外的光亮度。
(10)反射级别:调整反射的光亮度,数值越高,反射越强。

5　贴图介绍

贴图选项如图 5-5 所示。

图 5-5　贴图选项

(1)环境光颜色:可以为暗部添加贴图效果。
(2)漫反射颜色:为物体基本色添加贴图。
(3)高光颜色:为高光添加贴图。
(4)光泽度: 用黑白对受光部和暗部进行调节。
(5)高光级别:可以用黑白对受光部进行调节。
(6)自发光:物体自身发光,同时可以用黑白进行调节。
(7)不透明度:用黑白调节不透明度。
(8)过滤色:为需要维持阴影及色彩的玻璃灯通透材质添加纹理。
(9)漫反射级别:选择位图文件或程序贴图来控制漫反射级别参数。
(10)半透明颜色:可以用黑白对半透明材质进行调节。
(11)凹凸:利用黑白表现物体表面的凹凸程度。
(12)反射:可以增加反射值。
(13)折射:用以增加折射扭曲值。
(14)置换:拥有比凹凸更高的表现物体凸起的品质。

任务 2　认识物体材质属性

单击工具栏中的材质编辑器或者按键盘上的 M 键，可以打开材质编辑器。

1　漫反射

漫反射用以控制物体漫反射的颜色，也就是固有色，可以设置颜色和贴图，点击 漫反射: 可以打开颜色选择器，调节颜色的饱和度、亮度、色调等。

漫反射调整面板如图 5-6 所示。颜色选择器如图 5-7 所示。

图 5-6　漫反射调整面板

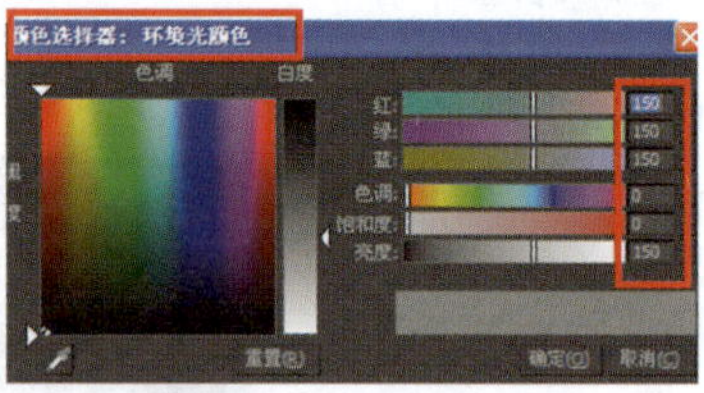

图 5-7　颜色选择器

2　环境光与高光反射

环境光是物体周围环境的光线，也可以通过单击 环境光: 打开颜色选择器添加颜色。

在反射高光中，可以设置高光的级别、光泽度以及柔化等参数。高光级别越高则反光性能越好，反之越差。光泽度越高物体表面越光滑，反之越粗糙。一般来说，光泽度较低的物体表面反光性能也较低。

高光反射调整面板如图 5-8 所示。不同的反光效果如图 5-9 所示。

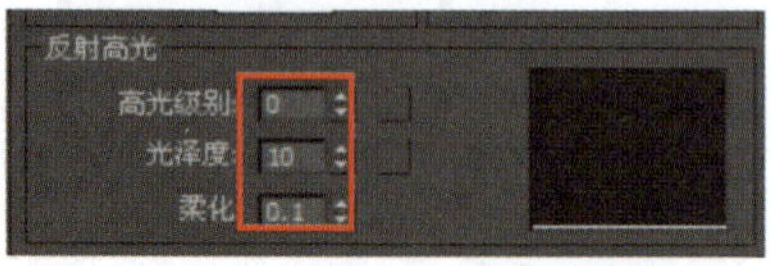

图 5-8　高光反射调整面板

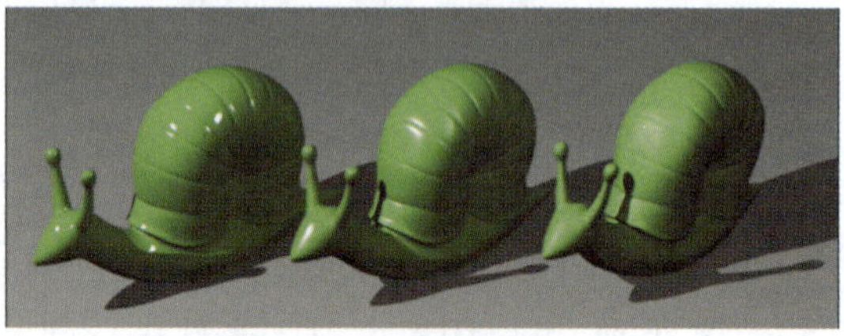

图 5-9　不同的反光效果

3　反射与折射

自然界中的物体都具备一定的反射特性，如金属、陶瓷、塑料，有的还具备折射特性，如水、玻璃、窗纱等，借由 3ds Max 中的材质编辑器相关参数的调整，可以较好地模拟物体反、折射的效果。

下面通过材质展示不同反射、折射量的物体的变化。在材质编辑器中选取新的样本球，打开材质编辑器的贴图卷展栏，找到并单击反射贴图后的 None，选择光线跟踪，并通过数量控制反射的程度大小。

反射调整面板如图 5-10 所示。不同的反射效果如图 5-11 所示。

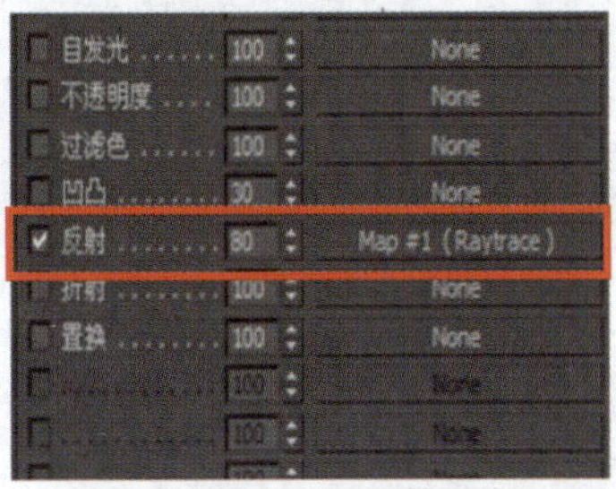

图 5-10　反射调整面板

图 5-11　不同的反射效果

折射调整面板如图 5-12 所示。不同的折射效果如图 5-13 所示。

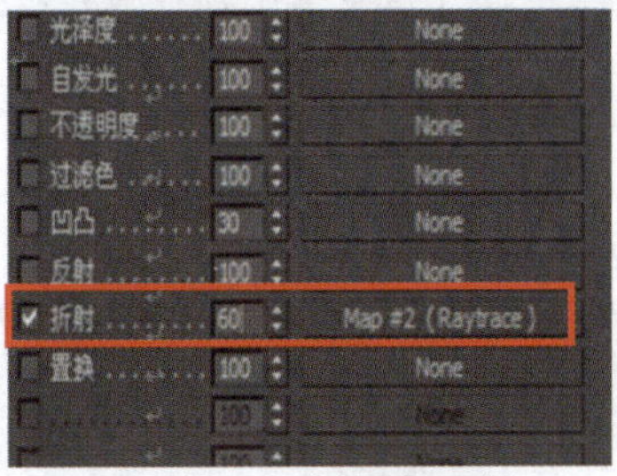

图 5-12　折射调整面板

图 5-13　不同的折射效果

4　凹凸贴图

凹凸贴图可以用来制作墙面、地板等凹凸起伏的效果，若应用得当，能极大增强空间的真实感和视觉美感。凹凸贴图设置如图 5-14 所示。

打开材质编辑器的贴图卷展栏，单击漫反射颜色贴图通道 None ，打开材质/贴图浏览器，双击 位图 添加一张纹理贴图（见图 5-15）。

单击凹凸贴图后的 None，打开材质/贴图浏览器，为其添加贴图（见图 5-16），图片应为 photoshop 等工具制作的黑白图片，这样凹凸效果会更突出。可以通过数量控制凹凸的程度。渲染效果如图 5-17 所示。

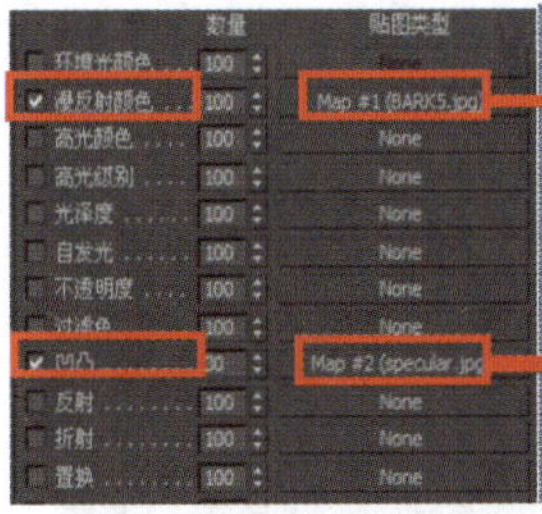

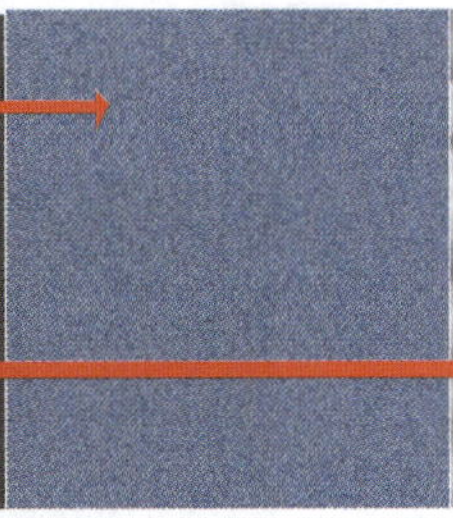

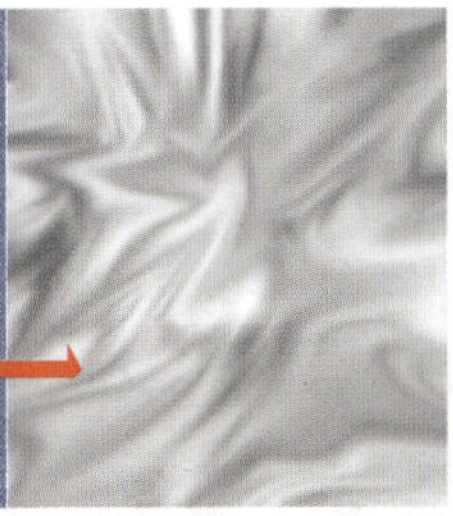

图 5-14　凹凸贴图设置　图 5-15　布料漫反射贴图　图 5-16　凹凸贴图　图 5-17　渲染效果

5　不透明贴图

不透明贴图经常被用来制作镂空花纹。我们首先认识一下不透明度的调节和效果，在材质编辑器中将不透明度调整至 100（见图 5-18），此时物体完全不透明（见图 5-19）。

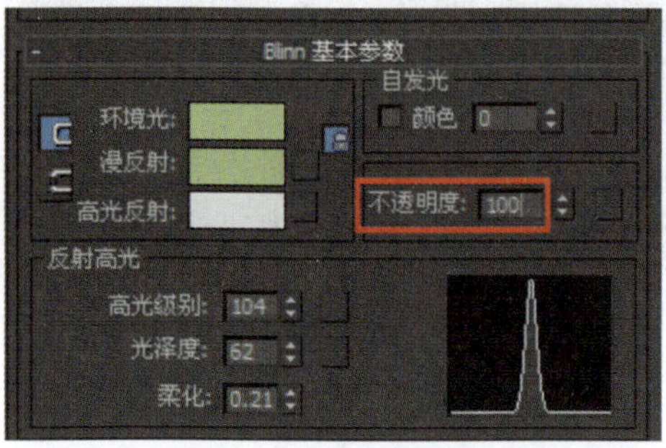

图 5-18　不透明度调整面板

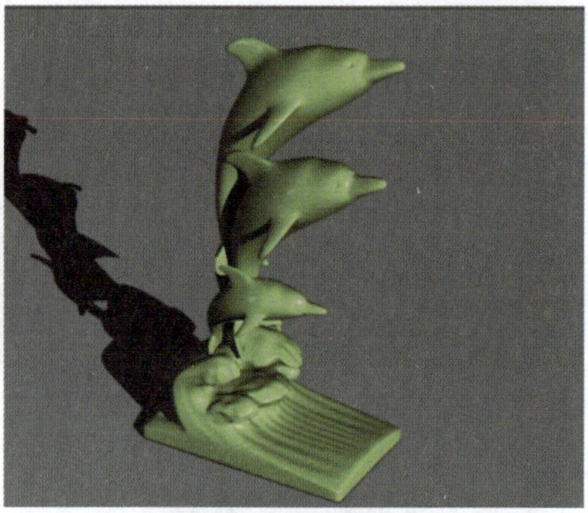

图 5-19　不透明效果

在材质编辑器中将不透明值调整至 30（见图 5-20），此时物体呈现出透明效果（见图 5-21）。当不透明值为 0 时，物体会完全透明，只剩下投影。

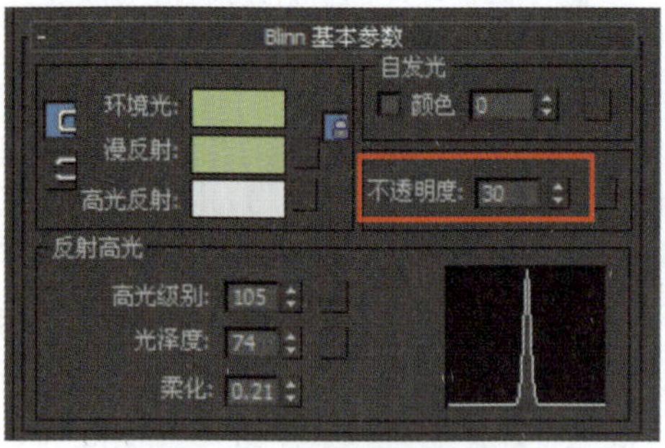

图 5-20　不透明度调整面板

图 5-21　透明效果

利用不透明贴图制作镂空花纹：

（1）按键盘上的 M 键打开材质编辑器，单击 贴图 （见图 5-22），进入贴图选项面板，如图 5-23 所示。

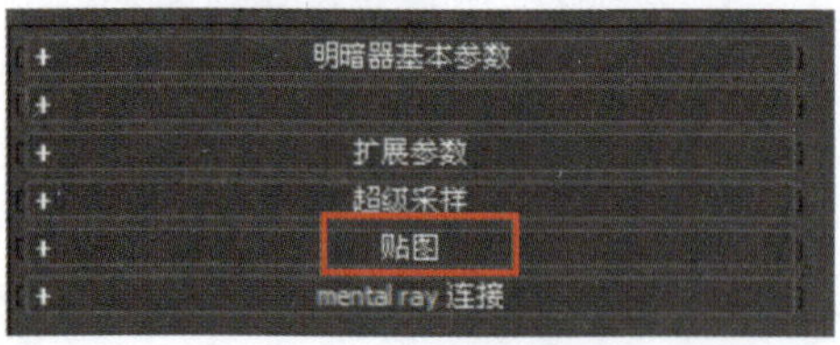

图 5-22　单击“贴图”

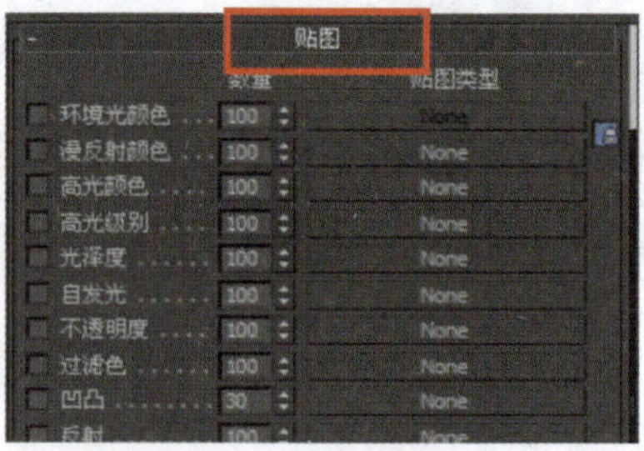

图 5-23　贴图选项面板

（2）为漫反射通道 漫反射颜色 添加贴图，同时将贴图复制给 不透明度 （见图 5-24、

图 5-25)。渲染效果如图 5-26 所示,可以看到场景中已经出现了镂空效果,但是物体投射的阴影一片漆黑,与物体镂空的形状是不相符的,我们需要对灯光的参数进行调整。

图 5-24　镂空贴图

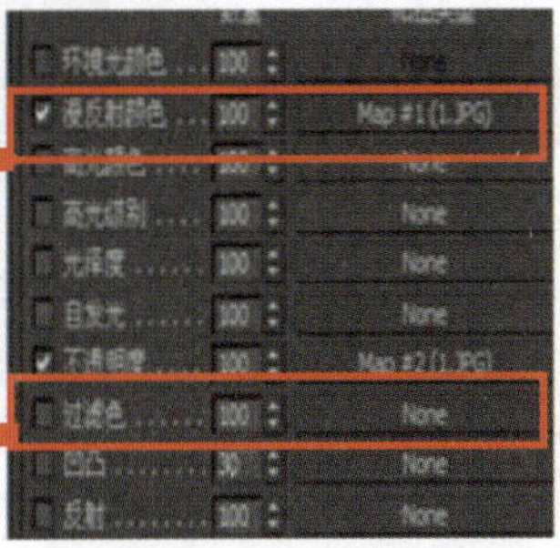

图 5-25　不透明度调整

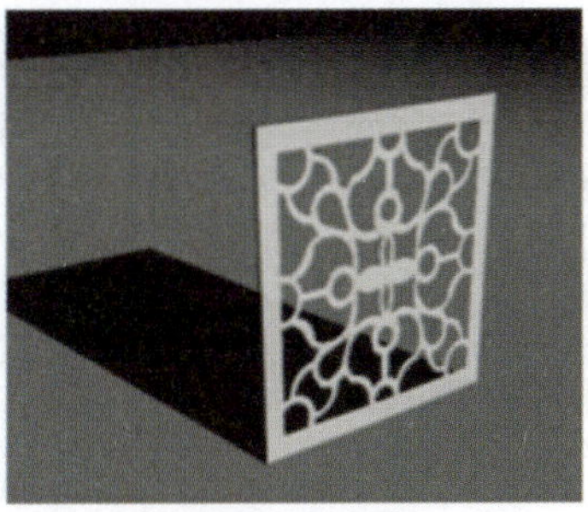

图 5-26　渲染效果

(3)选择场景中的灯,点击进入灯光修改命令面板,展开常规参数卷展栏,将阴影的方式调整为高级光线跟踪(见图 5-27)。展开优化卷展栏,启用透明阴影(见图 5-28),渲染效果如图 5-29 所示,这样就能制作出完整的镂空阴影了。

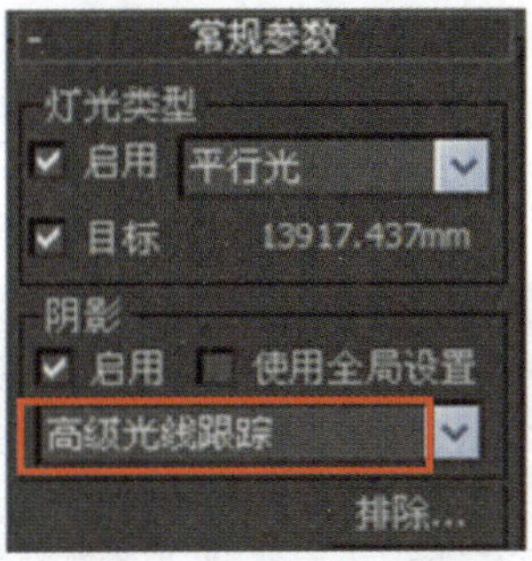

图 5-27　阴影调整面板

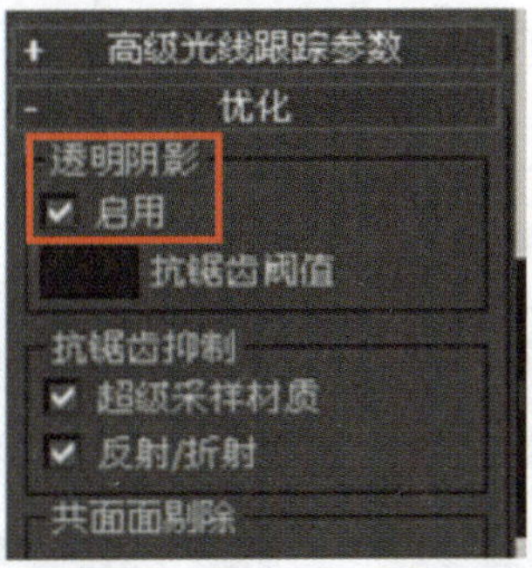

图 5-28　阴影调整面板

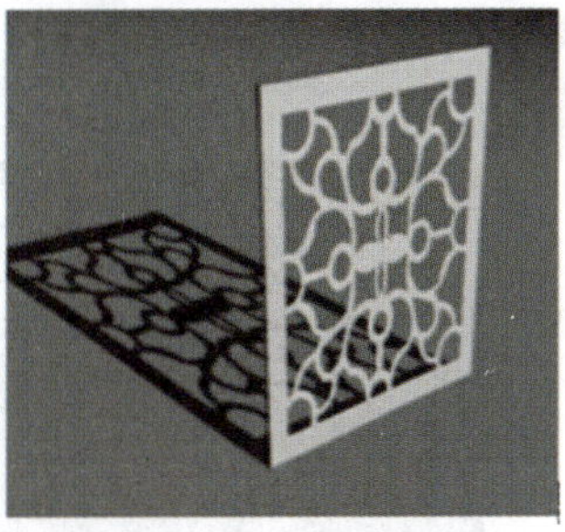

图 5-29　渲染效果

6　置换贴图

置换与凹凸有些类似,凹凸模拟的是凹凸效果,置换模拟的是位移,并且效果比较明显,在进行参数设置时需要适当降低倍增值。需要注意的是,凹凸和置换贴图一般用的都是黑白模式的图像,即使是一张彩色图像也会被转为黑白图像进行计算,白色表示凸起,黑色表示凹陷。

任务 3　材质与贴图

1　材质类型

3ds Max 的材质连同标准材质在内共有 16 种,可以用来表现各类不同物体的纹理质感。

单击 Standard (见图 5-30),打开材质贴图浏览器(见图 5-31)。

图 5-30　单击“Standard”

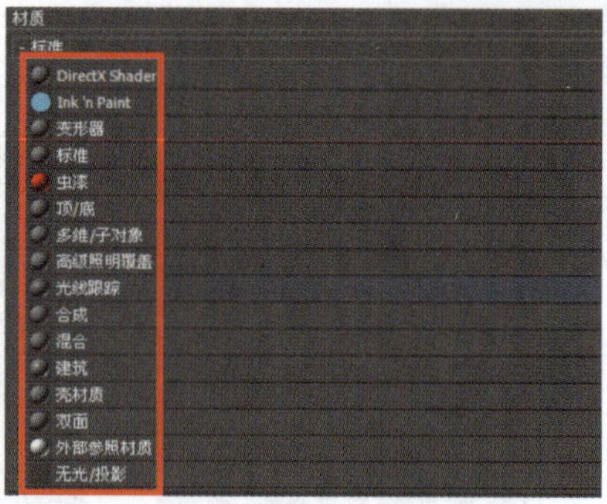

图 5-31　材质贴图浏览器

常用材质类型如下。

1.1　Ink'n Paint(**卡通画材质**)

卡通画材质分为绘制控制和墨水控制,可以通过设置改变墨水及纹理的浓淡。

选择一个材质球,单击 Ink 'n Paint 进入卡通画材质设置面板,见图 5-32,调整亮区参数,如图 5-33 所示,单击将材质指定给场景中的物体,渲染前后对比如图 5-34、图 5-35 所示。

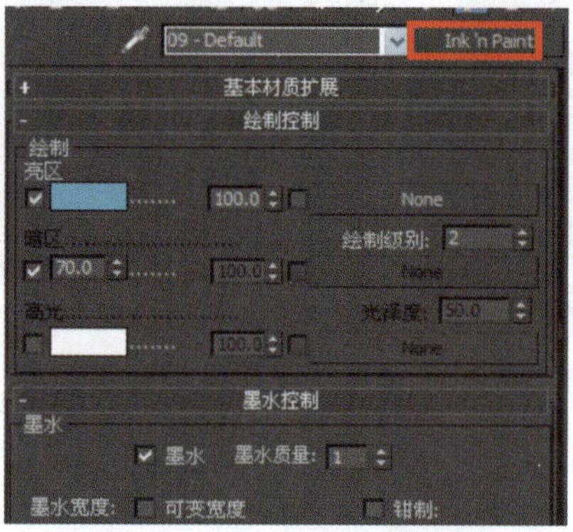

图 5-32　卡通画材质设置面板

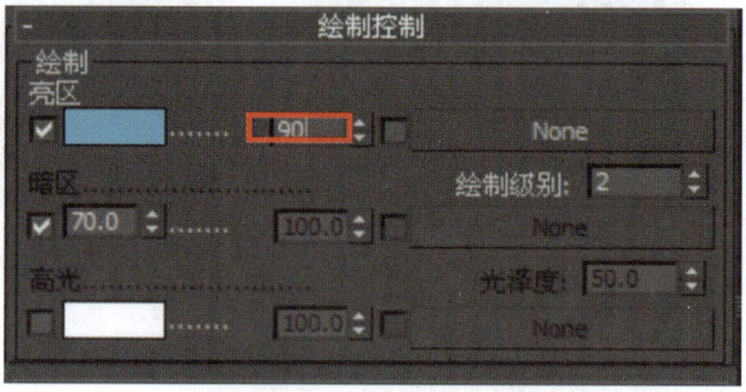

图 5-33　调整亮区参数

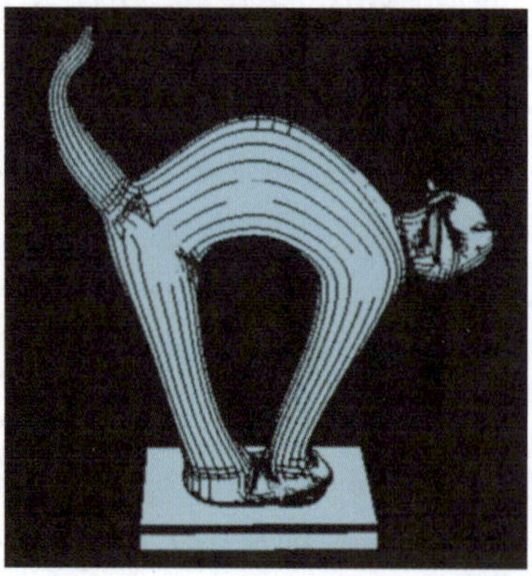

图 5-34　渲染效果

图 5-35　取消材质后的渲染效果

1.2 顶/底材质

用于顶部和底部分别需要赋予不同材质的物体，如雪山覆盖的山体等，并可以控制两种材质的混合量和位置。

步骤 1. 选择一个材质球，进入材质贴图浏览器，点击 顶/底，如图 5-36 所示。

步骤 2. 分别进入顶、底材质，调整漫反射颜色如图 5-37、图 5-38 所示。

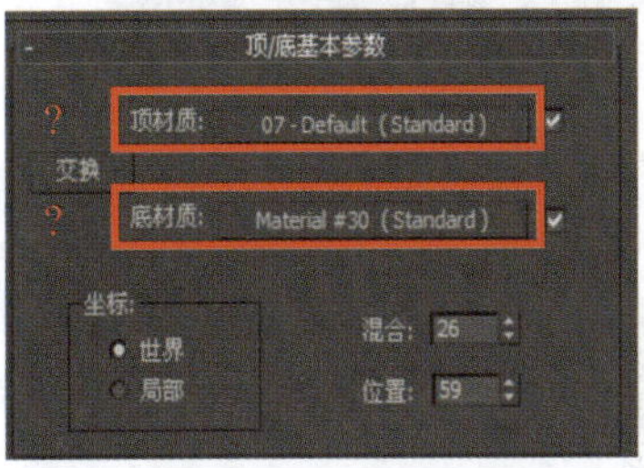

图 5-36 顶/底材质调整面板

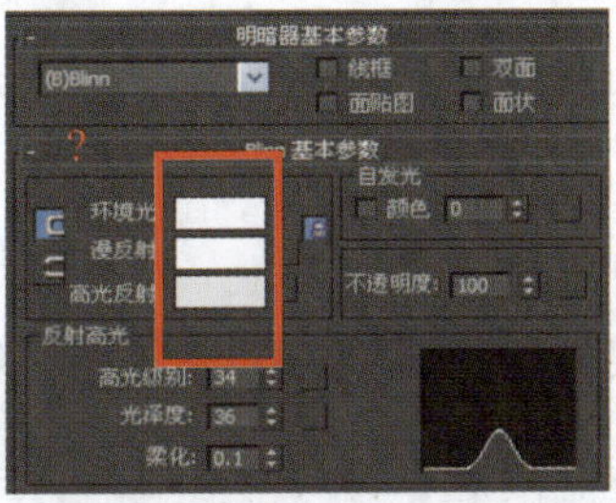

图 5-37 顶材质设置

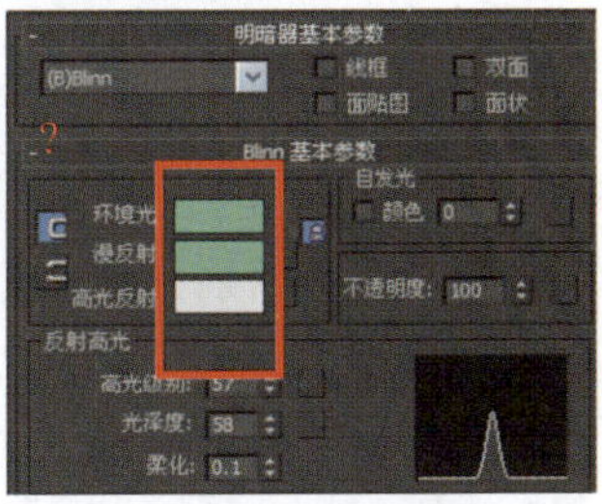

图 5-38 底材质设置

步骤 3. 设置混合量为 6，如图 5-39 所示，单击将材质指定给场景中的罐子，并渲染。渲染效果如图 5-40 所示。

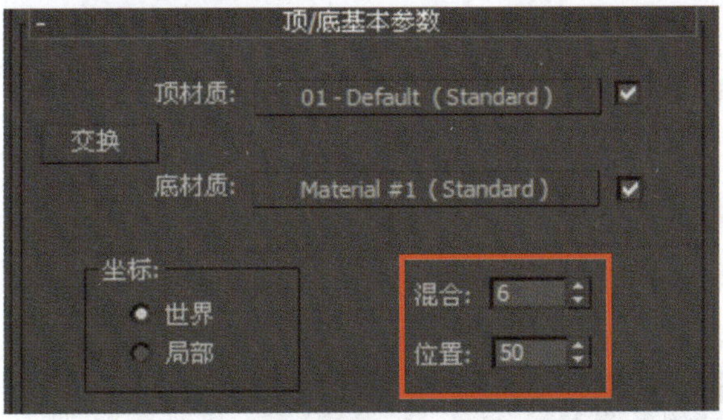

图 5-39 混合量设置

图 5-40 渲染效果

1.3 混合材质

借助遮罩，使物体呈现出不同的质感或为物体添加不同的材质贴图。

（1）按 F12，打开渲染设置面板，单击 指定渲染器，指定渲染器为 VRay（见图 5-41）。

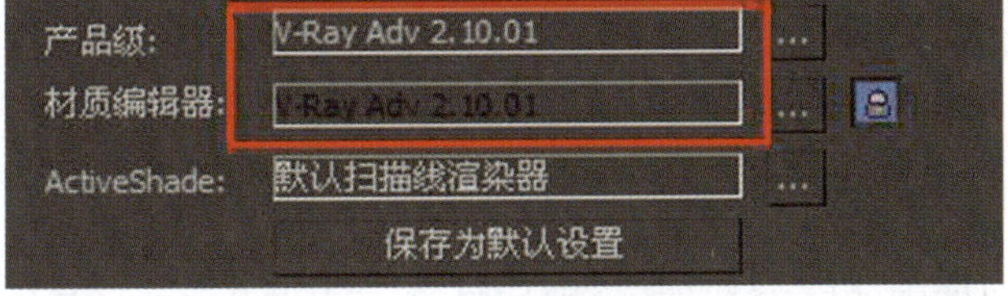

图 5-41 指定渲染器

（2）打开材质编辑器，选择材质球，点击 Standard 指定为混合材质（见图 5-42）。

（3）材质 1 的材质类型设置为 VRay 材质，调整为茶壶白釉材质，将反射调整为 235，光泽度调整为 0.94，打开菲涅耳反射（见图 5-43）。

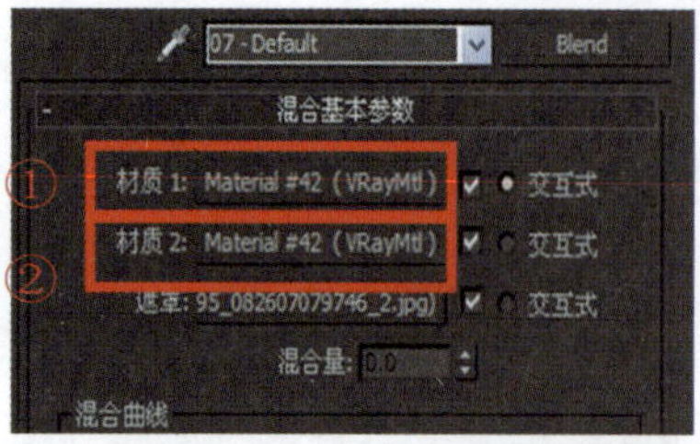

图 5-42　指定混合材质

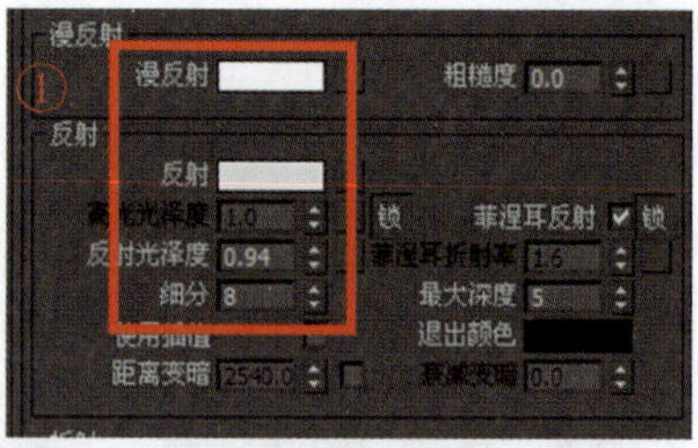

图 5-43　调整壶身材质参数

(4)材质 2 的材质类型设置为 VRay 材质,指定图案的材质,漫反射调整为蓝色,并适当调整高光和反射光泽度(见图 5-44)。

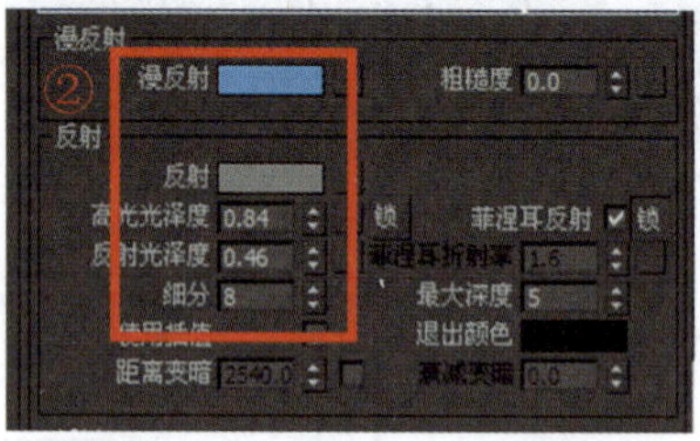

图 5-44　调整花纹质参数

(5)为遮罩添加一张位图,如图 5-45 所示,用以控制图案,并在输出卷展栏中勾选反转(见图 5-46)。渲染效果如图 5-47 所示。

图 5-45　花遮罩纹贴图

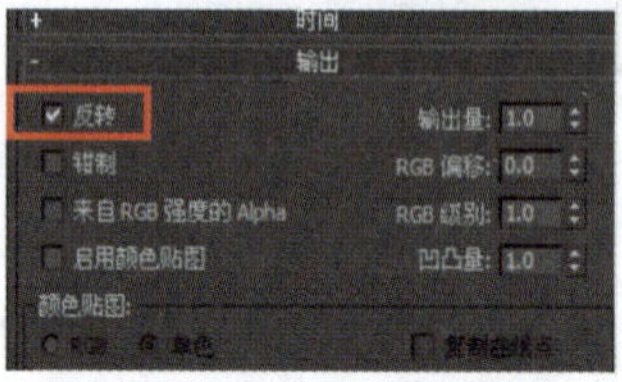

图 5-46　调整输出设置

图 5-47　渲染效果

1.4　多维/子材质

当需要给一个物体不同的面赋予不同的材质时,就会用到多维/子材质,可以通过给不同的面设定 ID 号,然后根据 ID 号分别赋予不同的材质。下面利用多维子材质为魔方赋予材质。

(1)打开教学课件中的魔方文件,分别选择魔方的六个大面,并设定 ID 号 1 ~ 6,把面与面之间部分的 ID 号设定为 7(见图 5-48)。

(2)打开材质编辑器,选择材质球,点击 

指定为多维/子对象材质(见图 5-49)。

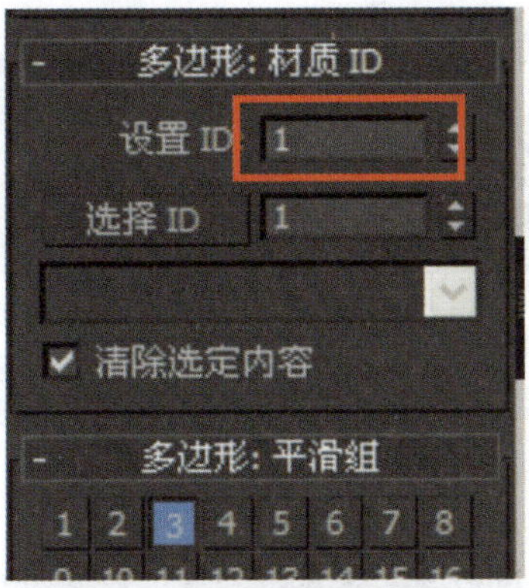

图 5-48　ID 号设置

图 5-49　指定多维/子对象材质

（3）分别为 1 ~ 7 号材质球赋予材质，1 号材质球参数如图 5-50 所示，其余 2 ~ 7 号材质球可以复制 1 号材质（见图 5-51），只调整漫反射颜色，调整结束后将材质指定给物体，进行渲染。渲染效果如图 5-52 所示。

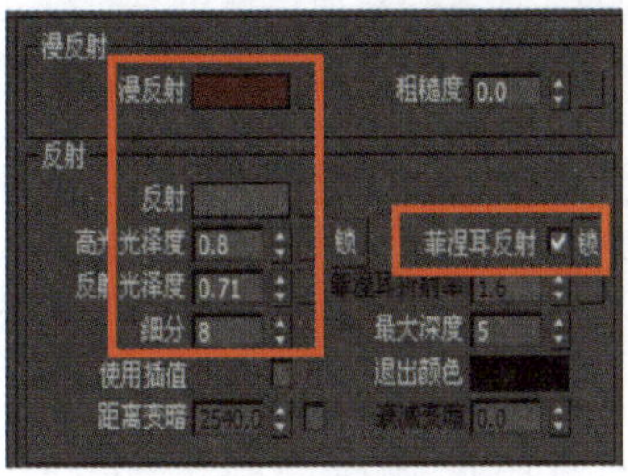

图 5-50　1 号材质参数设置

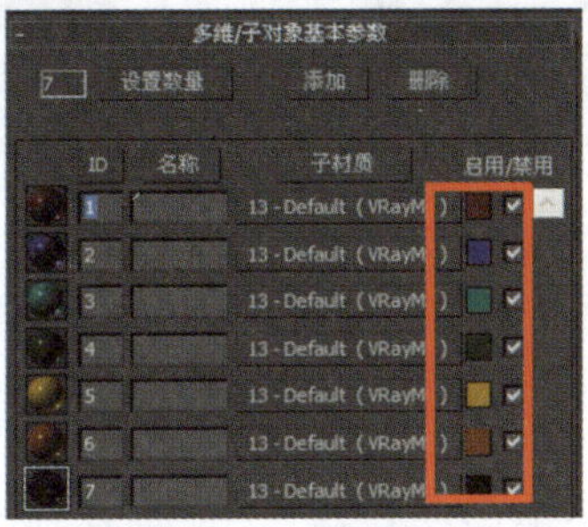

图 5-51　子材质参数设置

图 5-52　渲染效果

1.5　双面材质

主要用于表现钱币、纸张等具有双面材质的物体。下面利用双面材质来进行美元纸币贴图的制作。

（1）打开 3ds Max，创建一个平面，尺寸为 15.5 cm × 7.7 cm，打开材质编辑器，选择材质球，点击 Standard 指定为双面材质（见图 5-53），并赋予所创建的平面。

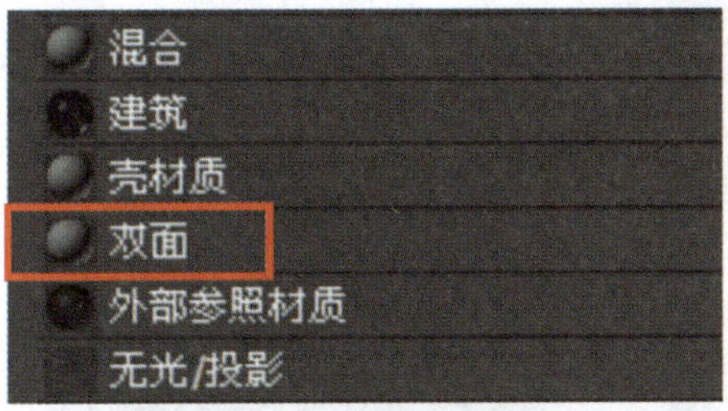

图 5-53　指定双面材质

（2）分别为正面材质和背面材质添加两张贴图，并通过裁剪选取合适的范围（见图 5-54 ~ 图 5-56）。

图 5-54　双面材质设置

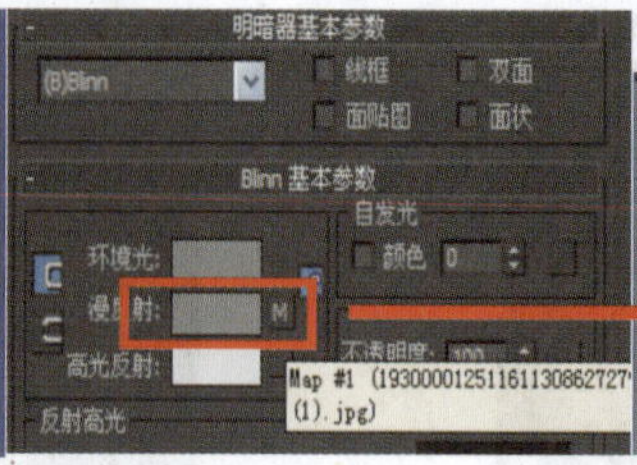

图 5-55　双面材质设置

图 5-56　双面材质设置效果

（3）通过 半透明: 0.0 的设置，控制正面、背面贴图的混合量，图 5-57、图 5-58 为半透明分别为 0 和 20 的效果。

图 5-57　双面材质渲染效果

图 5-58　双面材质渲染效果

1.6　无光/投影材质

主要用于将三维物体合并入二维背景图片，用以产生投影的同时避免自身被渲染，可以产生较为真实的合并效果。

2　贴图类型

贴图经常被用来表现物体表面的颜色，正确地使用贴图可以使物体质感更加真实。3ds Max 将贴图分为程序贴图和纹理贴图。程序贴图是根据一定公式计算生成的图案，如平铺、棋盘格、衰减、烟雾等。纹理贴图则是利用真实物体的图片或其他设计软件制作而成的图案，如壁纸、木地板、陶瓷砖等。

贴图类型如图 5-59 所示。贴图示例如图 5-60 ~ 图 5-63 所示。

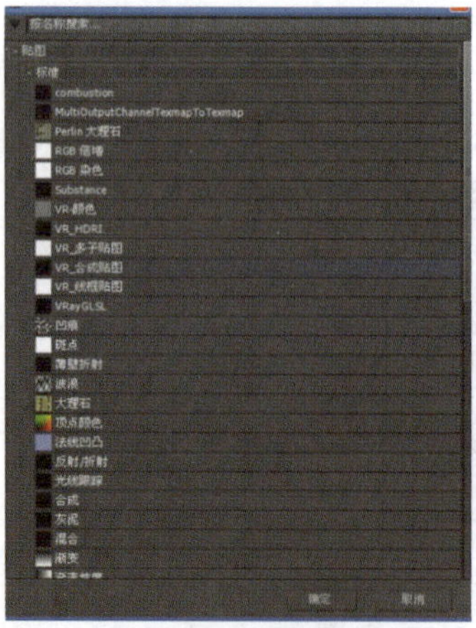

图 5-59　贴图类型

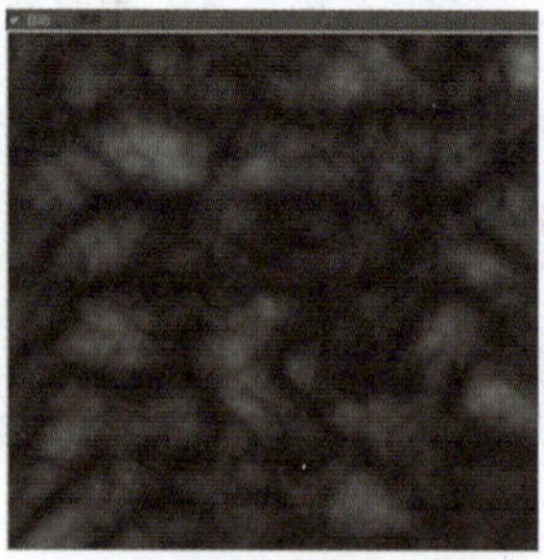

图 5-60　烟雾

图 5-61　棋盘格

图 5-62　瓷砖位图

图 5-63　地板位图

在制作一些材质时，可以直接使用位图添加一张图片作为物体表面的纹理，也可以将纹理贴图与程序贴图配合使用，如在制作地板时，应先利用平铺构建材质的整体框架样式，然后用贴图填充纹理（见图 5-64 ~ 图 5-66）。

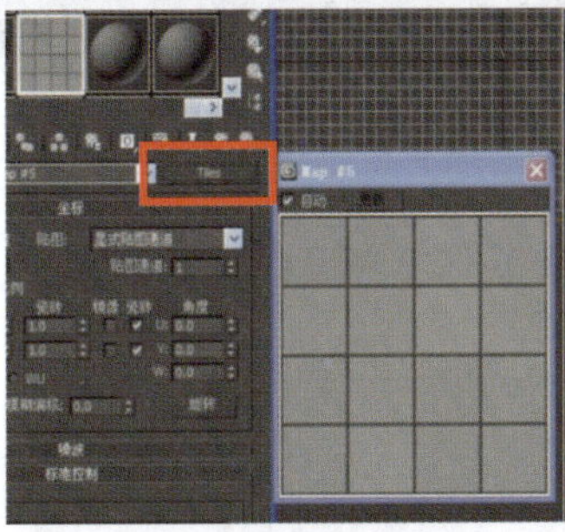

图 5-64　指定平铺

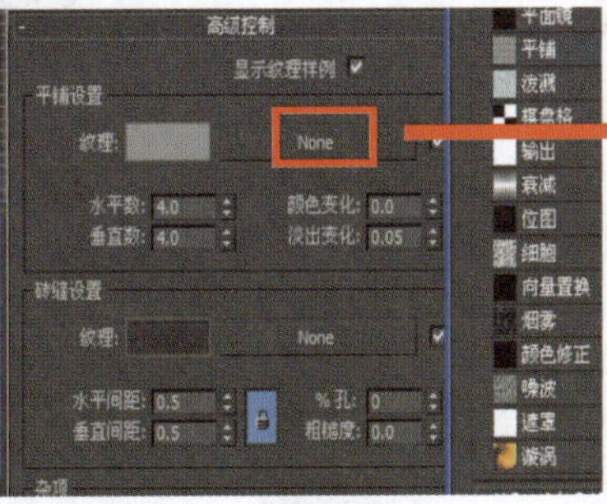

图 5-65　平铺设置

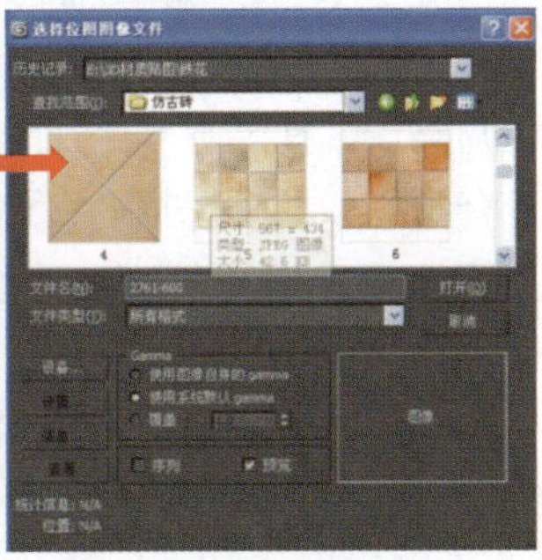

图 5-66　选择贴图

3　贴图坐标

使用纹理贴图可以代替物体表面的颜色，使物体更加真实，但是贴图与现实中的物体在形状上往往不能完全匹配，因此需要对贴图的坐标进行设置，使贴图准确地覆盖物体的表面。

下面介绍用 VRay 材质来进行地面的设置。原始场景渲染效果如图 5-67 所示。

图 5-67　原始场景渲染效果

(1) 打开教学课件中木地板材质场景，按 M 键打开材质编辑器，选择一个新的材质球，点击 Standard 打开材质/贴图浏览器，选择 VRayMtl，将材质赋予场景中的地面。

(2) 为漫反射添加一张木地板的贴图，并调整反射值、高光光泽度和反射光泽度，勾选菲涅耳反射

(见图 5-68 ~ 图 5-70)。

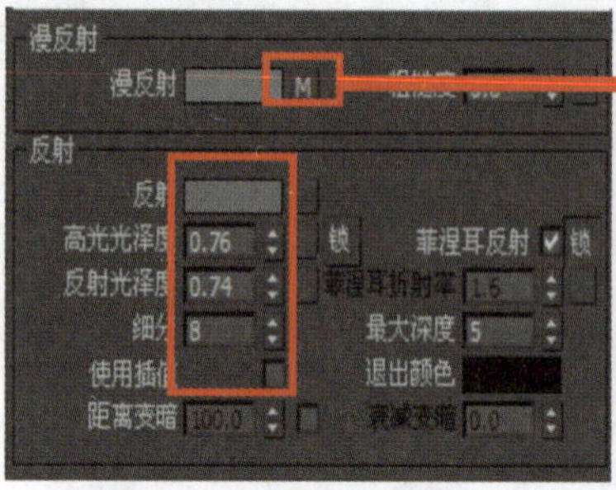

图 5-68　地板材质调整

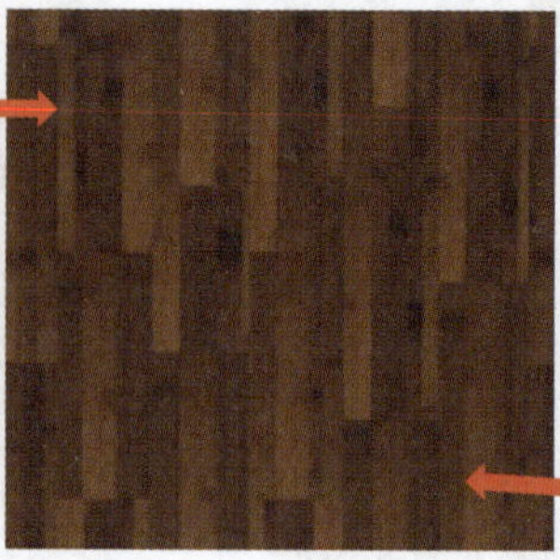

图 5-69　地板纹理贴图

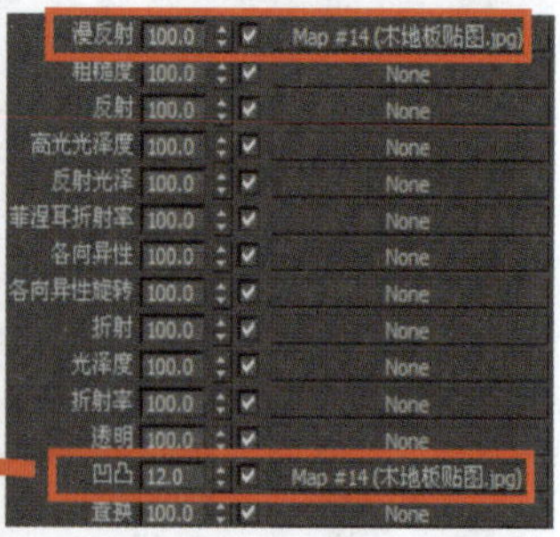

图 5-70　地板凹凸设置

(3)为了使地板有凹凸效果,将漫反射贴图复制到凹凸贴图,并适当调低凹凸值。渲染效果如图 5-71所示。可以看出,地板的纹理出现了明显的失真,因为贴图直接贴在了地面上,导致地板的纹理过大。因此,需要对其进行调整。

图 5-71　渲染效果

(4)打开材质编辑器,点击漫反射通道上的贴图,进入坐标卷展栏,对其 UV 坐标方向上的平铺值进行调整(见图 5-72),将原来的 1 改为 3,即现在相当于有 9 张纹理贴图贴在了平面上,然后进行渲染,现在的纹理显得比较真实自然(见图 5-73)。如果需要调整木纹纹理的方向,更改 W 值的角度为 90 即可。

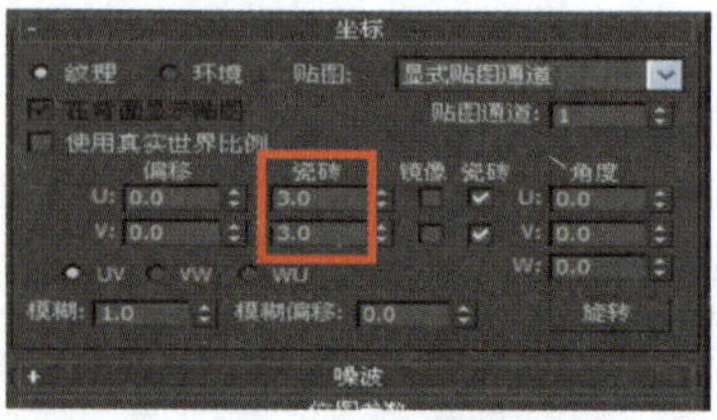

图 5-72　贴图坐标设置

图 5-73　最终渲染效果

4　常用 VRay 材质设置

作为一款功能强大的渲染软件,VRay 在渲染光源和材质方面的功能堪称完美。下面通过一些案例来认识 VRayMtl,并利用 VRayMtl 来调节在效果图制作中常见的材质类型。

4.1　VRay 渲染器设置

(1)指定 VRay 渲染器:打开 3ds Max,按快捷键 F10 打开渲染设置面板,选择公共选项卡,点击指定渲染器卷展栏右侧的按钮 ... ,在弹出的对话框中选择 VRay 渲染器。

(2)VRay 场景设置与测试:打开教学课件中的材质测试场景文件。场景由一个 VRay 平面、一只蜗牛、一只手组成。模型的前方是一盏聚光灯作为主光源,后方是两盏泛光灯,强度适当调节弱一些,作为场景的辅助光源。

打开材质编辑器,选择一个材质球,类型选择为,赋予地面。再用同样的方法分别为蜗牛和手赋予 VRayMtl 材质,这样,所有物体都被赋予了初始状态的 VRayMtl 材质,可以进行渲染测试(见图 5-74)。

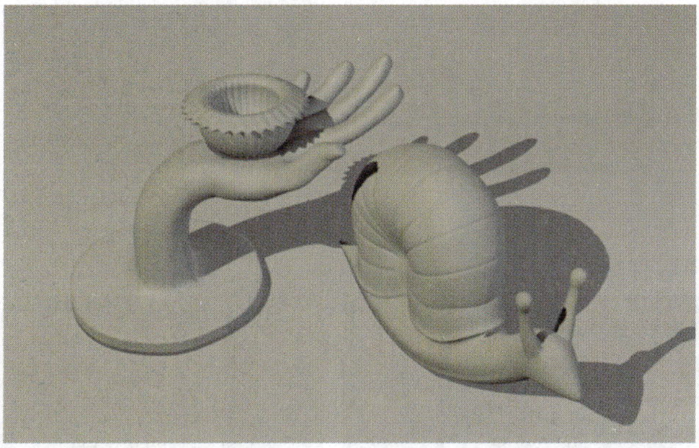

图 5-74　原始场景渲染

4.2　常见材质的调节

4.2.1　乳胶漆材质

刷乳胶漆的墙略带反射,表面较为粗糙,几乎没有高光,设置参数如图 5-75 ~ 图 5-77 所示。乳胶漆材质效果如图 5-78 所示。

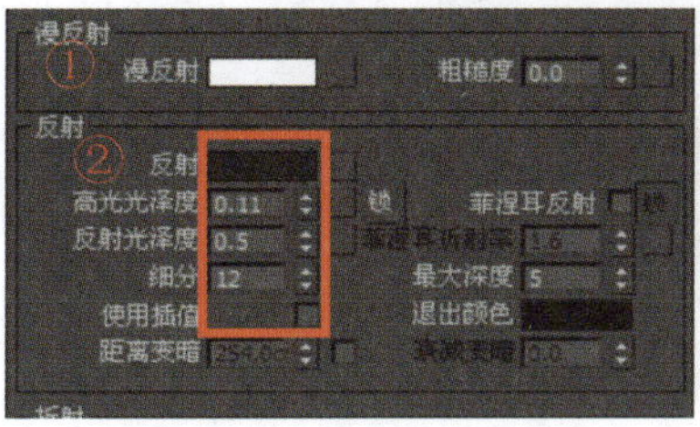

图 5-75　高光及反光设置

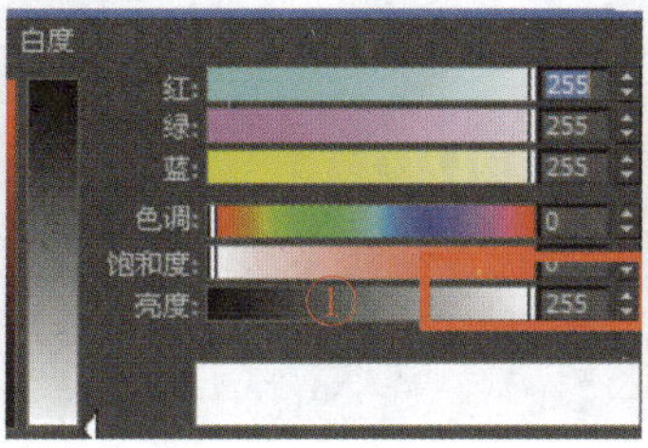

图 5-76　漫反射参数

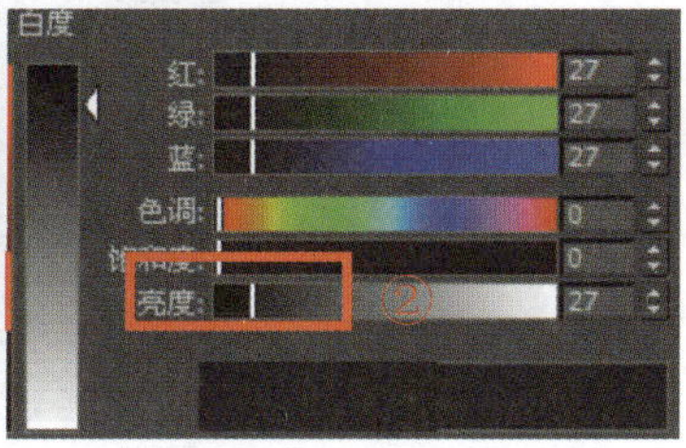

图 5-77　反射参数

4.2.2　金属类材质

金属类材质的特点是反射性比较强,因此可以将反射值增大,而磨砂金属表面比较粗糙,反射值应适当降低,同时可以通过降低反射光泽度来表现表面的模糊效果。下面分别来表现这两种不同质感的金属。

(1)镜面金属。

步骤 1. 选择材质球,点击指定给场景中的手,将漫反射颜色亮度调至 0。

步骤 2. 将反射颜色调至 255。

步骤 3. 将高光光泽度和反射光泽度分别调至 0.93 和 0.99。

步骤 4. 打开 BRDF 卷展栏,类型选择为 WARD,各向异性调整为 -0.4。相关设置界

图 5-78　乳胶漆材质效果

面如图 5-79 ~ 图 5-81 所示。

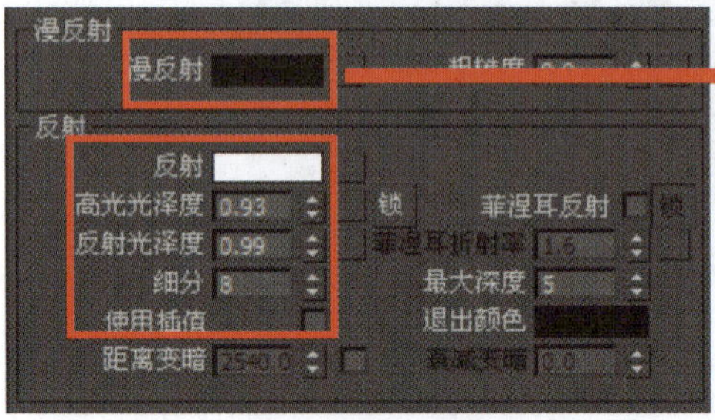

图 5-79　镜面金属设置

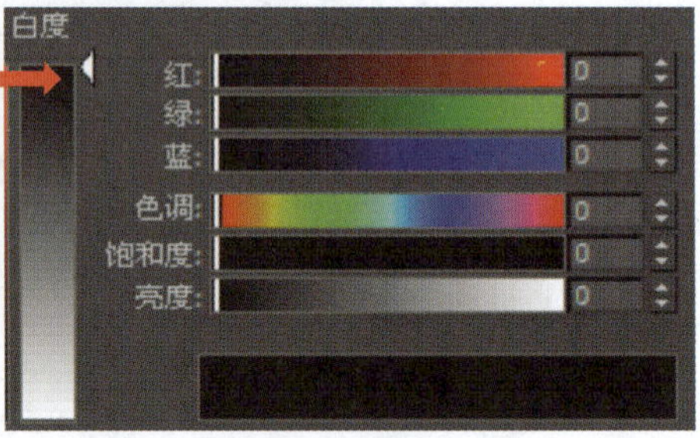

图 5-80　镜面金属漫反射设置

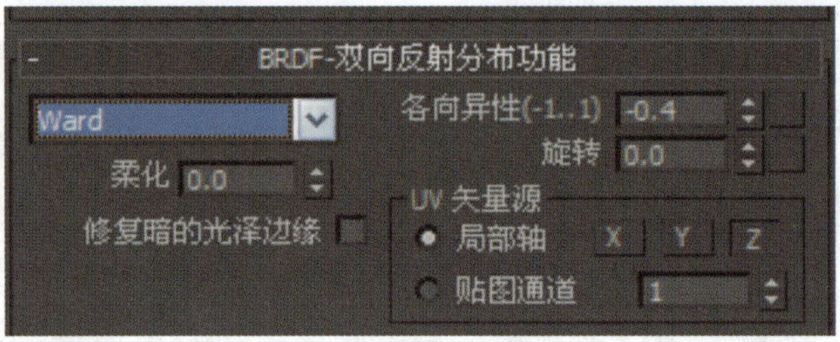

图 5-81　镜面金属 BRDF 设置

(2)磨砂金属。

选定材质球,点击指定给场景中的蜗牛,将反射颜色调至 185,反射光泽度调为 0. 63,如图 5-82、图 5-83 所示。

镜面金属和磨砂金属材质效果如图 5-84 所示。

4.2.3　玻璃类材质

玻璃类材质的特点是具有较高的通透性,表现在参数设置上就是高反射、高折射,与清玻璃相比,磨砂玻璃表面较粗糙,通透性也会相应降低。如果需要给玻璃调节颜色,要通过烟雾颜色进行调整。

清玻璃材质设置步骤如下:

步骤 1. 选定材质球,将反射颜色亮度调至 255。

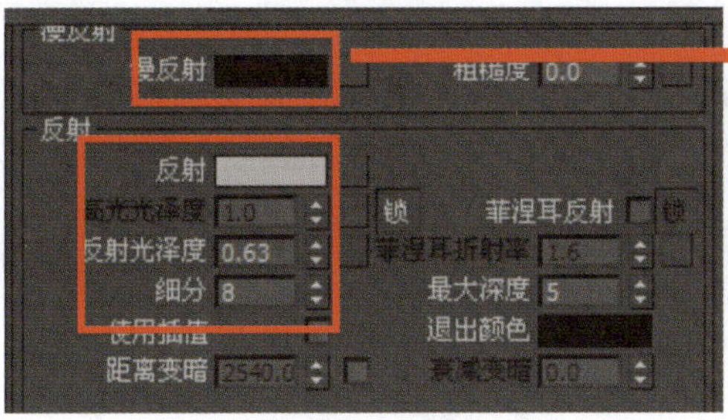

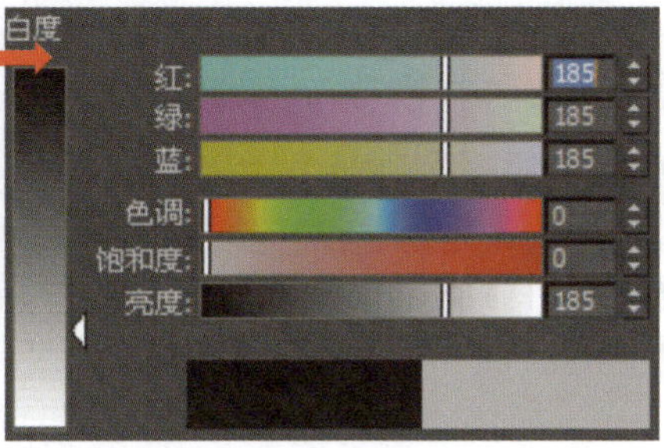

图 5-82　磨砂金属设置　　图 5-83　磨砂金属漫反射设置

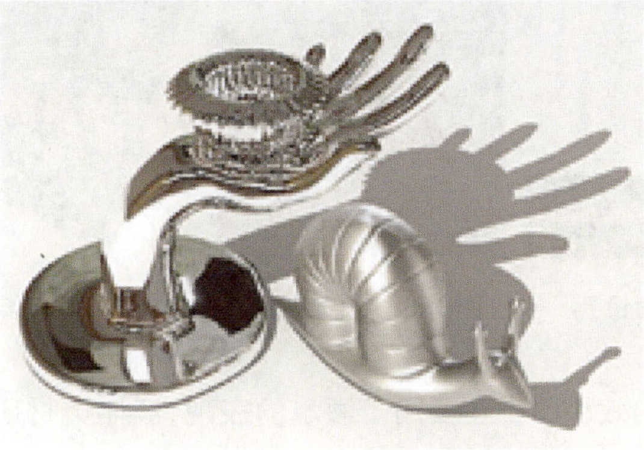

图 5-84　镜面金属和磨砂金属材质效果

步骤 2. 将折射颜色亮度调至 255。

步骤 3. 勾选菲涅耳反射和影响阴影，点击赋予场景中的手。

相关设置界面如图 5-85、图 5-86 所示。清玻璃材质效果如图 5-87 所示。

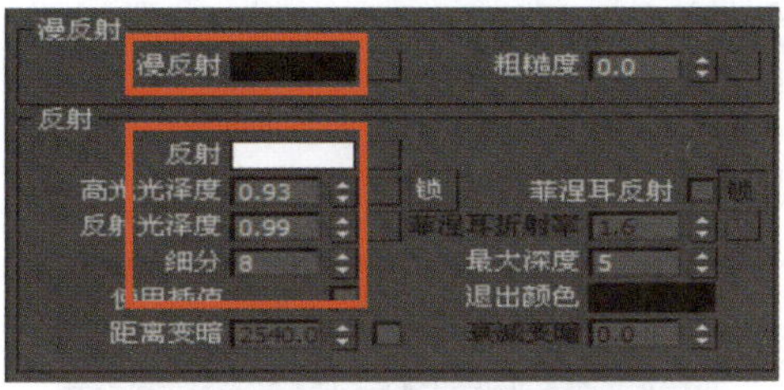

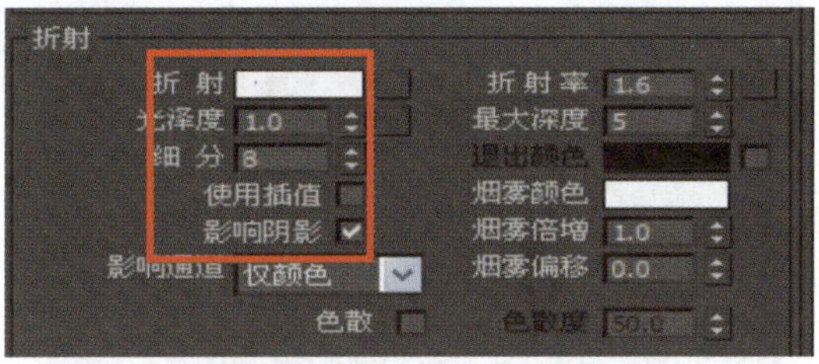

图 5-85　清玻璃反射参数调整　　图 5-86　清玻璃折射参数调整

图 5-87　清玻璃材质效果

4.2.4　布料类材质

常见的布料有绒布、丝绸等，绒布材质的特点是表面具有一层绒毛，需要添加衰减贴图进行模拟，而丝绸则具有一定的反射性。它们表面的图案需要通过特定的贴图进行表现。

普通布料材质设置步骤如下：打开布料场景文件，选定材质球，为漫反射添加一张贴图（见图 5-88、图 5-89），点击赋予场景中的布料。普通布料材质效果如图 5-90 所示。

图 5-88　漫反射设置

图 5-89　纹理贴图

图 5-90　普通布料材质效果

4.2.5　液体类材质

液体类材质在室内效果图中主要用于酒水的表现，液体类材质的特点为高反射和折射，并且不同类型的液体折射率不同。

黄色威士忌材质设置步骤如下：

步骤 1. 打开配套场景液体材料，选择材质球，单击 Standard，将材质指定为多维/子对象（见图 5-91），赋予酒杯。

步骤 2. 选择酒杯，右键单击 转换为可编辑多边形，进入修改面板元素层级，分别选择玻璃、冰块和威士忌并设置 ID 分别为 1、2、3（见图 5-92）。

图 5-91　指定多维/子对象

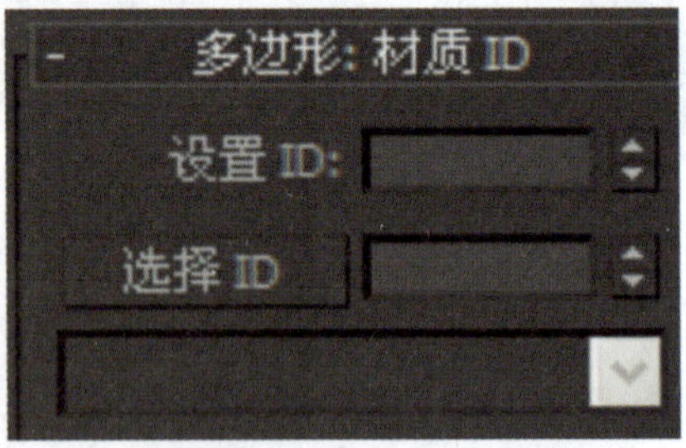

图 5-92　指定 ID 号

步骤 3. 返回材质编辑器面板，将材质数量设置为 3，分别将三个材质命名为玻璃、冰块和威士忌，然后分别对这三种材质进行调整，如图 5-93 所示。

步骤 4. 设置玻璃的材质参数，详细设置见玻璃材质。

步骤 5. 设置冰块的材质参数，冰块具有一定的反射率和高折射率，见图 5-94。

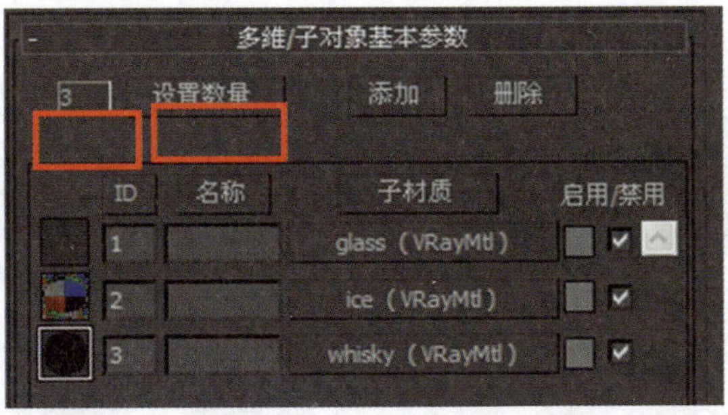

图 5-93　子材质设置

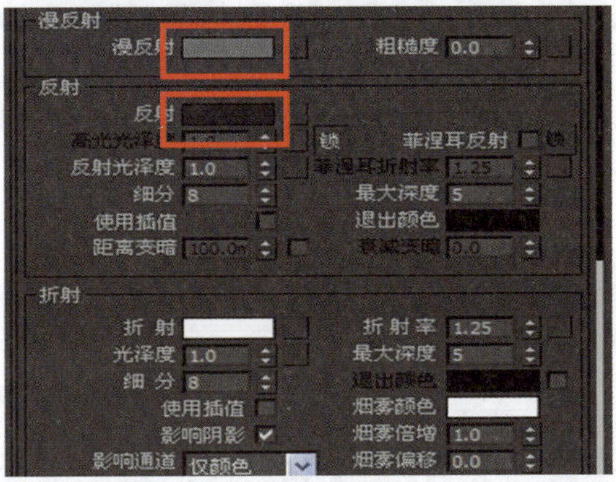

图 5-94　冰块参数设置

步骤 6. 设置威士忌的材质参数，注意液体的折射率为 1.33，并通过烟雾颜色控制威士忌的颜色，如图 5-95 所示。

黄色威士忌材质效果如图 5-96 所示。

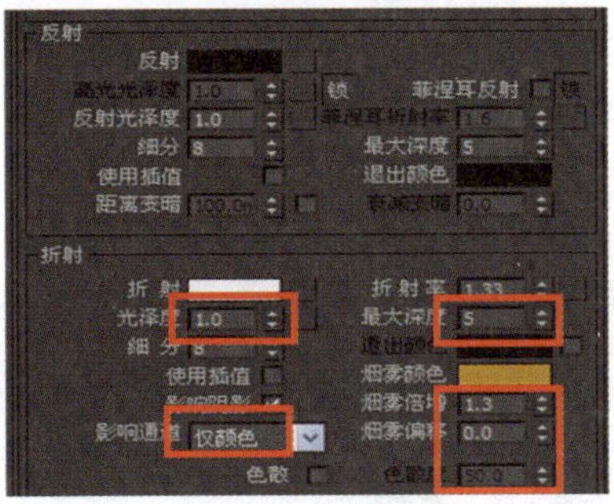

图 5-95　威士忌参数设置

图 5-96　黄色威士忌材质效果

4.2.6　皮革类材质

皮革类材质在室内效果图中主要用于沙发、座椅等的表现。皮革具有一定的反射，在模拟皮革类材质时，可以通过凹凸贴图通道添加位图的方式来表现皮革表面的凹凸质感。

步骤 1. 打开配套场景文件皮革材质，选择材质球，单击 Standard，将材质指定为 VRayMtl，并赋予沙发。

步骤 2. 将漫反射调整为 255，反射值亮度调整为 75，高光光泽度和反射光泽度分别调整为 0.73 和 0.65，细分 15，开启菲涅耳反射，如图 5-97、图 5-98 所示。

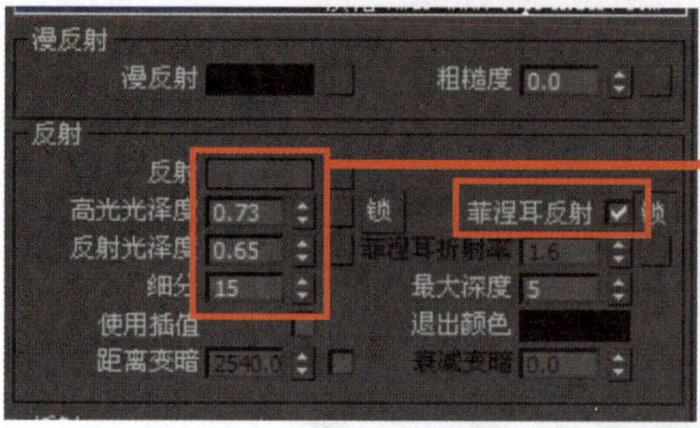

图 5-97 漫反射、反射设置

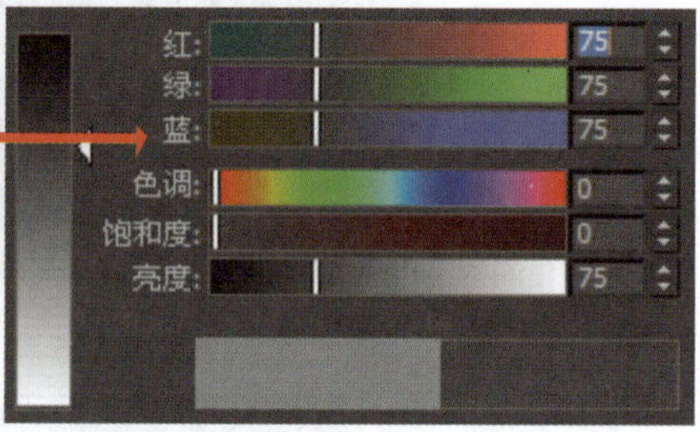

图 5-98 反射颜色选择器设置

步骤 3. 在贴图选项中选择凹凸贴图，通过通道添加一张凹凸贴图，并调整贴图的平铺数为 3。单击凹凸通道贴图，打开 坐标 卷展栏，修改平铺值为 3 × 3，如图 5-99 ~ 图 5-101 所示。

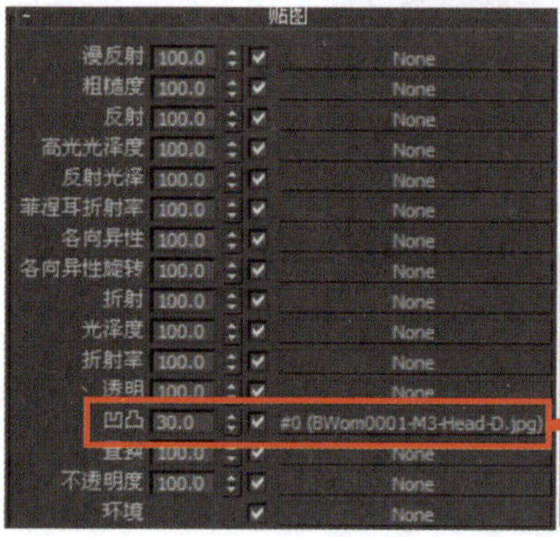

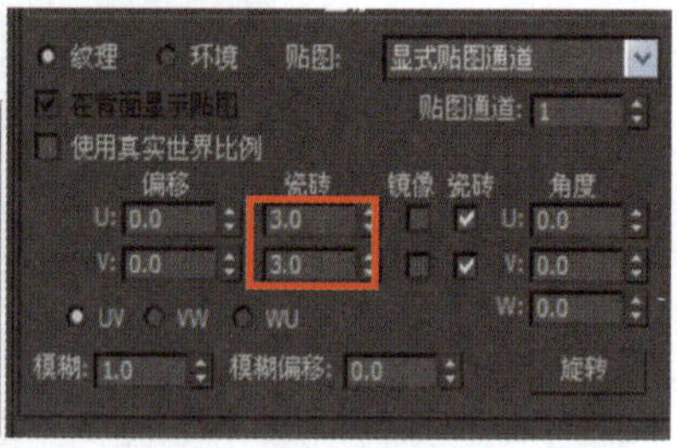

图 5-99 凹凸设置　　图 5-100 凹凸贴图　　图 5-101 贴图坐标调整

步骤 4. 按照同样参数设置，为另一个沙发指定材质，取消凹凸贴图的勾选，制作光滑质感的皮革效果。

渲染效果如图 5-102 所示。渲染凹凸纹理效果如图 5-103 所示。

图 5-102 渲染效果

图 5-103 渲染凹凸纹理效果

4.2.7 陶瓷类材质

(1)瓷罐制作。

步骤 1. 打开教学课件中陶瓷材质场景,选择瓷罐,按 M 键打开材质编辑器,选择一个材质球,点击赋予瓷罐。

步骤 2. 将漫反射亮度调整为 255,单击贴图通道,添加位图青花,如图 5-104 ~ 图 5-106所示。

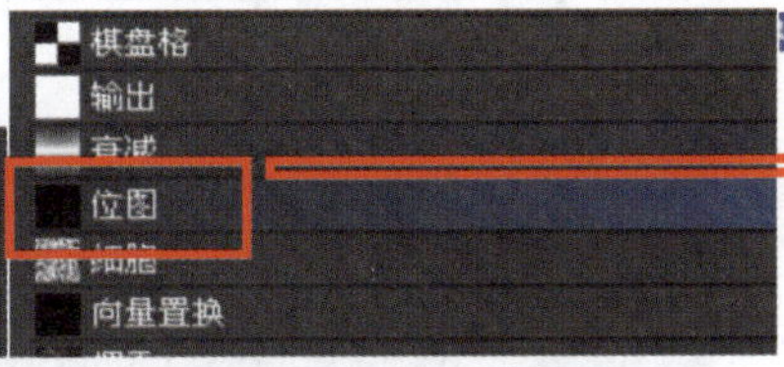

图 5-104 漫反射调整　　图 5-105 添加位图　　图 5-106 位图贴图

步骤 3. 单击反射贴图通道,添加衰减贴图,保持默认设置,如图 5-107 ~ 图 5-109 所示。

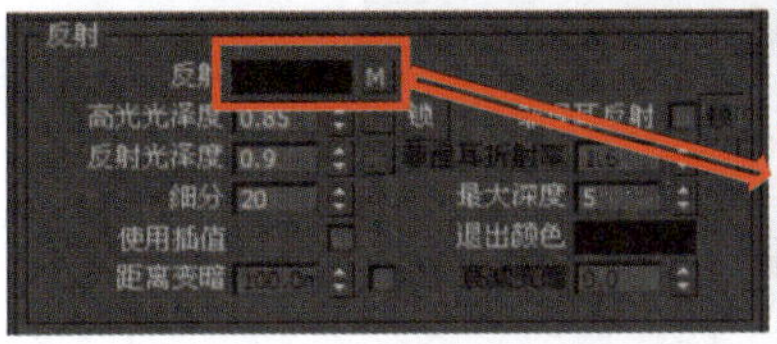

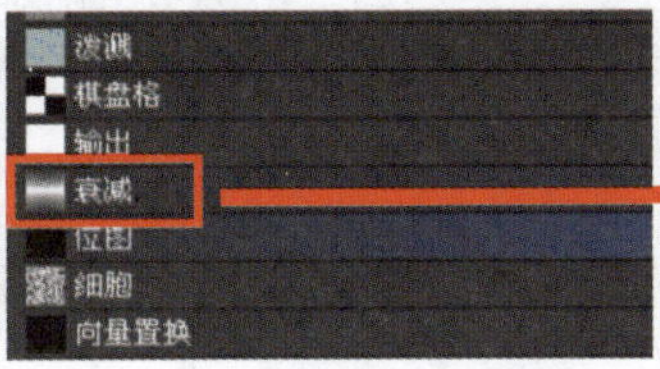

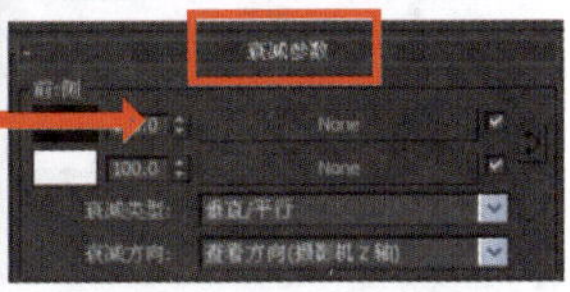

图 5-107 反射调整　　图 5-108 添加衰减贴图　　图 5-109 默认衰减设定

步骤 4. 调整高光光泽度和反射光泽度分别为 0.85 和 0.9,将细分值调整为 20,如图 5-110所示。

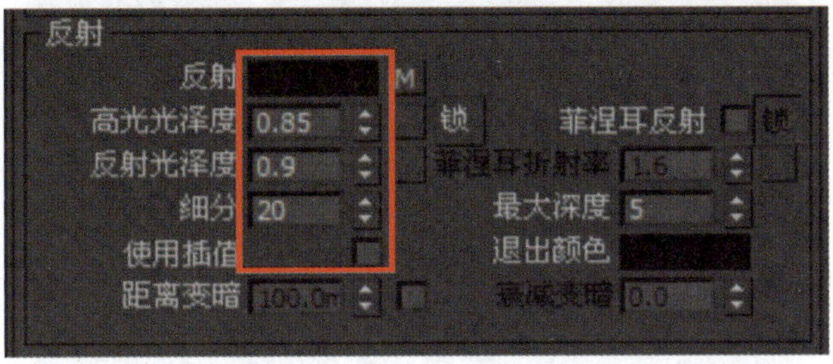

图 5-110 反射调整

(2)瓷盘制作。

步骤 1. 按照相同方法为瓷盘指定一个新的材质球。

步骤 2. 将漫反射亮度调整为 255,单击贴图通道,添加一张纹理贴图,如图 5-111、图 5-112 所示。

步骤 3. 单击反射,打开颜色选择器,调整亮度为 255。

步骤 4. 调整高光光泽度和反射光泽度分别为 0.85 和 0.9,将细分值调整为 20,勾选菲涅耳反射,如图 5-113 所示。

图 5-111　漫反射调整

图 5-112　漫反射贴图

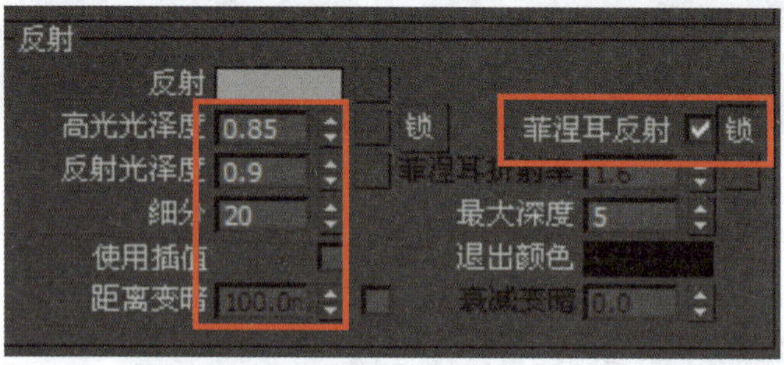

图 5-113　反射调整

步骤 5. 单击 贴图 ,进入贴图选项,选择 凹凸 ,将漫反射通道贴图进行复制,如图 5-114所示。

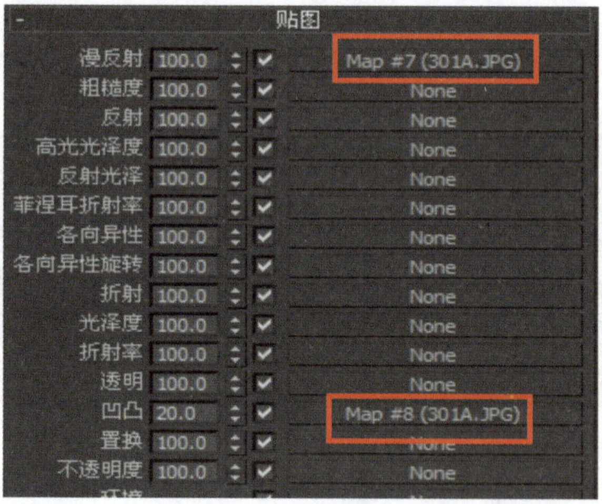

图 5-114　贴图设置

步骤 6. 单击凹凸贴图通道的贴图,进入输出卷展栏,勾选反转和启用颜色贴图,并调整曲线形状如图 5-115 所示。

渲染效果如图 5-116 所示。

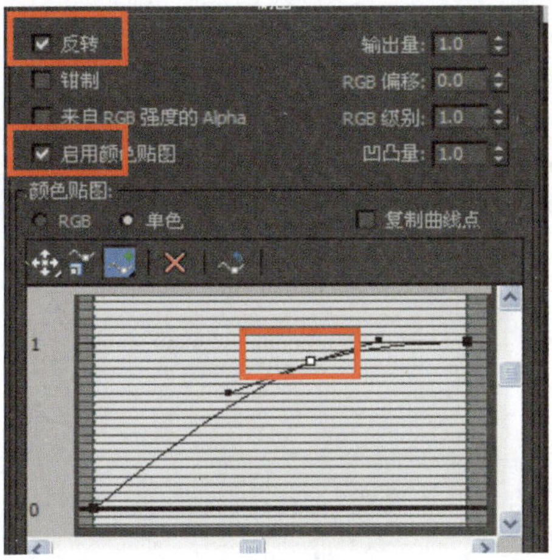

图 5-115　贴图设置

图 5-116　渲染效果

(3)黑色干花瓶。

步骤 1. 打开花瓶场景,选择材质球,单击 Standard ,将材质指定为 VRayMtl ,并赋予花瓶。

步骤 2. 反射灰度值保持默认,为反射通道添加一张衰减贴图,调整衰减的颜色并渲染。相关设置界面如图 5-117、图 5-118 所示。渲染效果如图 5-119 所示。

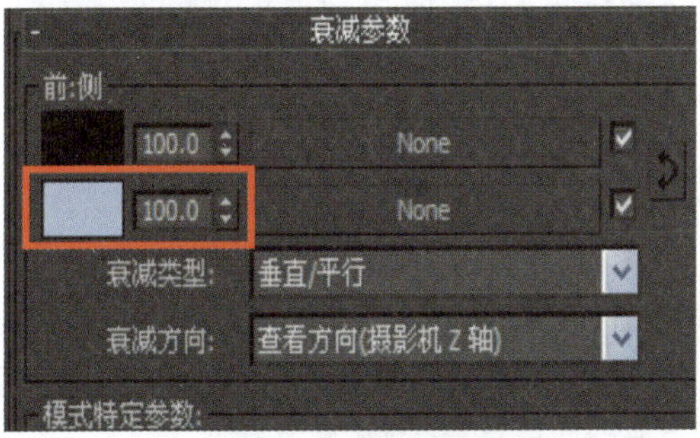

图 5-117　衰减参数设置

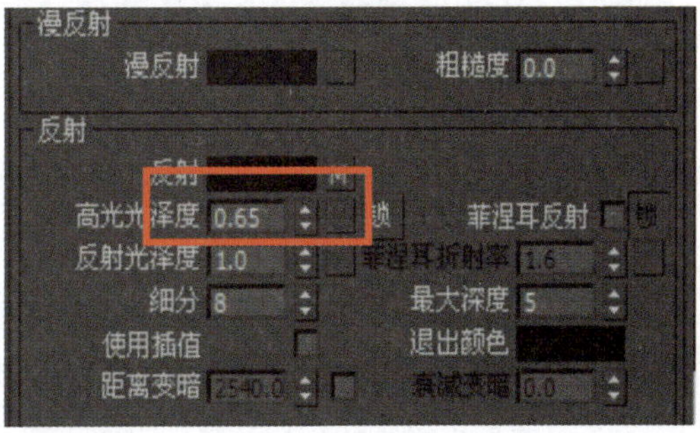

图 5-118　反射设置

图 5-119　渲染效果

项目 6　VRay 基础知识

【知识要点】

学习 VRay 面板分项功能及参数信息。

【教学目标】

掌握 VRay 渲染器面板各项卷展栏，全局开关、间接照明(GI)参数面板调整；熟悉发光贴图、灯光缓存各项参数的关联设置选项。

随着 CG(Computer Graphics)技术的不断发展，对于建模和渲染的要求也越来越高，经过建模的模型需要通过渲染将其质感表现出来，因此渲染器扮演着重要的角色。3ds Max 平台上出现了几款令人激动的高质量渲染器，如 Mental Ray、FinalRender、Brazil r/s、VRay 等。这些渲染器为 3ds Max 带来了许多新的技术，其中应用最为广泛的是全局光照明。

任务 1　VRay 渲染器介绍

VRay 是 Chaos Group 公司开发的一款渲染器，主要外挂于 3ds Max 平台，目前面向 Maya、Rhino、Sketchup 等 3D 程序接口的 VRay 渲染器也已陆续推出。Chaos Group 公司提供了两种类型的程序安装版本，一种是基本安装版本，另一种是高级安装版本。

基本安装版本价格较低，具备最基本的特征，主要使用对象是学生和业余爱好者；而高级安装版本增加了一些附加功能，面向的是专业人士。VRay 渲染器主要用于室内外装饰设计、建筑设计等的渲染。同时，VRay 渲染器还能产生一些特殊的效果，如次表面散射、光迹追踪、焦散和全局照明等。VRay 渲染器真实的光线能创建出专业的照片级效果，而且在获得高品质渲染效果的同时还能保证较快的渲染速度。所以，目前很多制作公司使用它来制作建筑动画和效果图。

除具有渲染效果逼真和渲染速度快的优势外，VRay 渲染器还有"焦散之王"的称号。VRay 渲染器在焦散方面的效果是所有渲染器中最好的。其天光和反射的效果也非常好，真实度几乎达到了照片的级别。参数设置简单是 VRay 渲染器的另外一大特色，其控制参数完全内嵌在材质编辑器和渲染设置中，可使初学者快速入门。图 6-1 所示为 VRay 渲染效果图。

图 6-1　VRay 渲染效果图

任务 2　全局开关、间接照明(GI)参数设置

1　全局光介绍

全局光是三维软件中的特有名词。大家都知道，光具有反射和折射的性质。在真实的大自然中，光从太阳照射到地面是经过无数次的反射和折射的，所以人们看到地面的任何地方都是清晰的(白天)。在三维软件中，光虽然也具有现实中光的所有性质，但是光的热能传递却不是很明显。所以，在渲染的时候，为了实现真实的场景效果，就要在渲染器中指定全局光。全局光是采用光子贴图来实现的。当光从光源被发射出来后，碰到障碍物会反射和折射，经过无数次的反射和折射，物体表面和角落都会有光感，像真实的自然光。全局光对内存的占用比较多，它属于间接照明，缩写为 GI。

GI 是用于描述一个考虑了场景中所有方面的光照系统。通常，它所得到的结果非常接近于真实事物的光照效果。传统的渲染引擎(扫描线)只考虑直接光照，不考虑反射光，然而反射光才是一个场景中灯光的最重要的组成部分。目前的一些渲染器有比 VRay 更加精确、功能更加丰富的光照系统，但是这些渲染器在计算真实光照效果的同时，需要耗费大量的渲染计算时间。而 VRay 渲染器的 GI 却可以花费较短的渲染时间得到出色的光照效果，实现了品质与速度的平衡。图 6-2 所示为 VRay 渲染器 GI 表现的优秀作品示例。

2　全局光面板分析

按 F10 键打开“渲染设置”窗口，选择“间接照明”选项卡，如图 6-3 所示。该选项卡中一共包含了 4 个卷展栏，分别是“V－Ray::间接照明”、“V－Ray::发光图”、“V－Ray::灯光缓存”和“V－Ray::焦散”。

在灯光没有直射的地方没有出现纯黑现象，这是因为光的反射属性，也就是人们常说的全局光的原因。GI 系统必须考虑的一个基本属性就是光的反射属性，其中包括光线的漫反射、衍射、折射等多种反射。当光照到一个物体上时，其表面吸收部分光(波粒)，其

图 6-2 VRay 渲染器 GI 表现的优秀作品示例

他的光反射到场景中并对场景起到一定的照明效果。

下面就来介绍 VRay 渲染器的全局光系统。

2.1 **“V - Ray::间接照明”卷展栏(见图 6-4)**

(1)开。

此复选框决定是否计算场景中的间接光照明。

(2)全局照明焦散。

全局照明焦散描述的是 GI 产生的焦散光学现象,可以由天光、自发光物体等产生。但是,由直接光照产生的焦散不受该选项的控制,可以使用单独的“V - Ray::焦散”卷展栏中的参数来控制直接光照明的焦散。

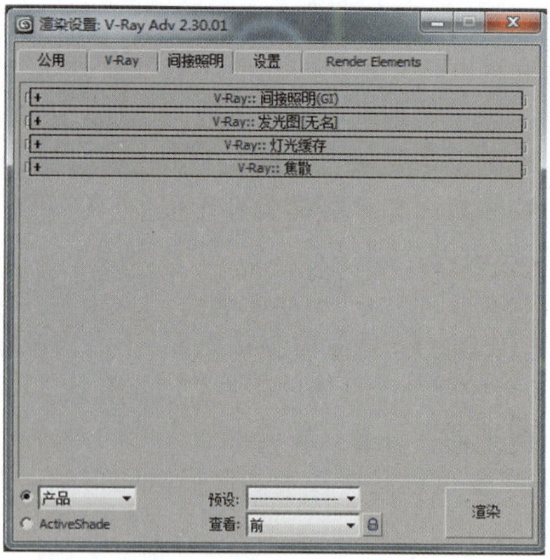

图 6-3 “间接照明”选项卡

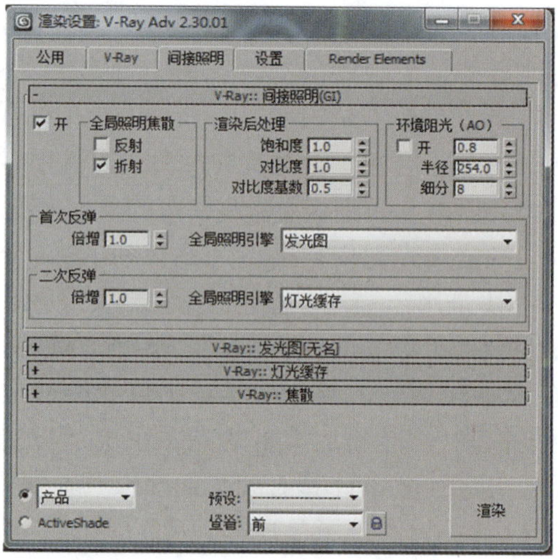

图 6-4 “V - Ray::间接照明”卷展栏

反射:间接光照射到镜射表面的时候是否会产生反射焦散。

折射:间接光穿过透明物体(如玻璃)时是否会产生折射焦散。

(3)渲染后处理。

主要对间接光照明在增加到最终渲染图像前进行一些额外的修正。

饱和度:控制 GI 的饱和度。

对比度:与下面的“对比度基数”配合使用起作用,增强 GI 的对比度。

对比度基数:定义对比度增强的基本数值,确保 GI 的值在对比度计算过程中保持不变。

(4)首次反弹。

倍增:确定初级漫反射反弹的强度。采用默认值1可以得到一个很好的效果。其他数值也是允许的,但是没有默认值精确。

全局照明引擎:允许用户为首次反弹选择一种GI渲染引擎,可供选择的4种GI引擎如下。

发光图:选择该选项将使VRay使用发光图来作为初级漫反射GI引擎。

光子贴图:选择该选项将使VRay使用光子贴图来作为初级漫反射GI引擎。

穷尽计算:选择该选项将使VRay使用穷尽计算来作为初级漫反射GI引擎。

灯光缓存:选择该选项将使VRay使用灯光缓存来作为初级漫反射GI引擎。

(5)二次反弹。

倍增:确定在场景照明计算中次级漫反射反弹的强度。采用默认值1可以得到较好的效果。其他数值也是允许的,但是没有默认值得到的间接照明效果真实。

全局照明引擎:允许用户为二次反弹选择一种GI渲染引擎,可供选择的4种GI引擎如下。

无:该选项表示不计算场景中的次级漫反射反弹。使用该选项可以产生没有间接光色彩渗透的天光图像。

光子贴图:选择该选项将使VRay使用光子贴图来作为二次反弹GI引擎。

穷尽计算:选择该选项将使VRay使用穷尽计算来作为二次反弹GI引擎。

灯光缓存:选择该选项将使VRay使用灯光缓存来作为二次反弹GI引擎。

2.2 “V-Ray::发光图”卷展栏

当设置“首次反弹”为“发光图”引擎时,“V-Ray::发光图”卷展栏被激活,如图6-5所示。

> 技巧提示:如果用户将“首次反弹”和“二次反弹”的倍增值都设置为默认值1,可以得到非常精确的物理照明图像。

发光图基于灯光缓存技术,其基本思路是仅计算场景中某些特定点的间接照明,然后对剩余的点进行插值计算。

(1)内建预置。

系统提供了8种预设的模式供用户选择,用户可以使用这些预设设置“自定义”、“非常低”、“低”、“中”、“中-动画”、“高”、“高-动画”、“非常高”,如图6-5所示。

自定义:选择该模式,用户可以根据自己的需要设置不同的参数,这也是默认的选项。

非常低:该模式仅在预览时使用,只表现场景中的普通照明。

低:该模式是一种低品质的用于预览的预设模式。

中:该模式是一种中等品质的预设模式,如果场景中不需要太多的细节,大多数情况下可以产生较好的效果,可用于最终渲染输出。

中-动画:该模式是一种中等品质的预设动画模式,目标就是减少动画中的闪烁。

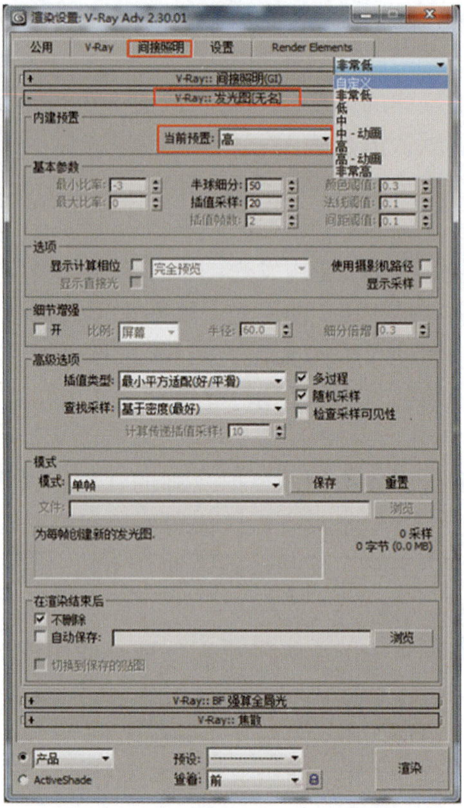

图 6-5　“V - Ray::发光图”卷展栏

高:该模式是一种高品质的预设模式,可以应用于很多的情形之下,包括具有大量细节的动画。

高 - 动画:该模式主要用于解决“高”预设模式下渲染动画闪烁的问题。

非常高:该模式是一种极高品质的预设模式,一般用于有大量细节或极复杂的场景的渲染中。

(2)基本参数。

最小比率:该参数确定原始 GI 首次传递的分辨率。

最大比率:该参数确定 GI 通道的最终分辨率,类似于自适应细分图像采样器的最大比率参数。

技巧提示:这些预设模式都是针对典型的 640 × 480 分辨率的图像的,如果要使用更大的分辨率,则需要调低预设模式中的最小比率和最大比率的值。

颜色阈值:该参数确定“发光图”算法对间接光照明变化的敏感程度。较大的值意味着较小的敏感性,较小的值将使“发光图”对照明的变化更加敏感(因而可以得到更高品质的渲染图像)。

法线阈值:该参数确定“发光图”算法对表面法线变化及表面细节的敏感程度。较大的值意味着较小的敏感性,较小的值将使发光图对表面曲率及细节的变化更加敏感。

间距阈值:该参数确定“发光图”算法对两个表面距离变化的敏感程度。值为0时意味着“发光图”完全不考虑两个物体间的距离,较大的值将在两个物体之间接近的区域放置更多的样本。

半球细分:该参数决定个体的GI样本的品质。较小的值可以获得较快的速度,但可能会产生黑斑;较大的值可以得到平滑的图像。它类似于直接计算的细分参数。

插值采样:此参数定义被用于插值计算的GI样本的数量。

(3)选项。

显示计算相位:选中该复选框,VRay渲染器在计算“发光图”的时候将显示“发光图”的传递,这将为用户提供一个在最终渲染完成前对于间接照明的粗略观察。

显示直接光:该复选框只在“显示计算相位”复选框选中的时候才能被激活。

显示采样:选中该复选框后,VRay渲染器将在VFB窗口中以小圆点的形态直观显示。

技巧提示:“半球细分”并不代表追踪光线的实际数量。光线的实际数量接近于这个参数的二次方,并受DMC采样器相关参数的控制;“半球细分”对最终渲染图的影响很大,值越大,画面质量越好,速度却会变慢。

(4)细节增强。

开:该复选框用于确定是否打开增强。

比例:该选项有两种方式,分别为屏幕和世界坐标。

半径:该选项用于设置半径大小。

细分倍增:该选项用于设置细分值的大小。

(5)高级选项。

插值类型:该选项在渲染中使用,系统提供了4种类型供用户选择,分别是“加权平均值”、“最小平方适配”、“三角测试法”、“最小方形加权测试法”。

查找采样:该选项在渲染过程中使用,它决定“发光图”中被用于插补基础的合适的点的选择方法,系统提供了4种方法供用户选择,分别是“四采样点平衡方式”、“临近采样”、“重叠”、“基于采样密度”。

计算传递插值采样:在“发光图”计算过程中使用,它描述的是已经被采样算法计算的样本数量。

多过程:在“发光图”计算过程中使用。

随机采样:在“发光图”计算过程中使用。

检查采样可见性:在渲染过程中使用。

(6)模式。

该选项组允许用户选择使用“发光图”的方法,如图6-6所示。

单帧:默认模式,在这种模式下对于整个图像计算一个单一的发光图,每一帧都计算新的发光图。

多帧增量：该模式仅在渲染相机移动（也称为相机游历动画）顺序时很有用。

从文件：使用这种模式渲染序列的开始帧，VRay 简单地导入一个提供的“发光图”，这种模式也可以用于渲染相机游历动画，同时在网络渲染模式下也可以完成得很好。

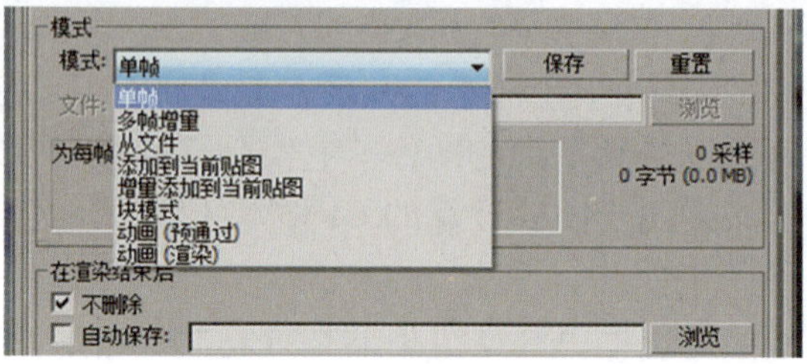

图 6-6　光子图使用模式

添加到当前贴图：在这种模式下，VRay 将计算全新的“发光图”，并把它增加到内存中已经存在的贴图中。

增量添加到当前贴图：在这种模式下，VRay 将使用内存中已存在的贴图，仅仅在某些没有足够细节的地方对其进行完善。

块模式：在这种模式下，一个分散的“发光图”被运用在每一个渲染区域（渲染块）。这在使用分布式渲染的情况下尤其有用。

动画（预通过）：在跑光子的时候使用。

动画（渲染）：在调用光子渲染最终动画的时候使用。

浏览：在选择“从文件”模式的时候，单击此按钮，可以从硬盘上选择导入一个存在的发光图文件。

保存：单击此按钮，将当前计算的“发光图”保存到内存中已经存在的“发光图”文件中。

重置：单击此按钮，可以清除存储在内存中的“发光图”。

（7）在渲染结束后。

该选项组用于控制 VRay 渲染器在渲染过程结束后如何处理发光图。

不删除：此复选框默认是选中的，表示“发光图”将保存在内存中直到下一次渲染前；如果取消选中，VRay 会在渲染任务完成后删除内存中的发光图。

自动保存：如果选中该复选框，在渲染结束后，VRay 将文件自动保存到用户指定的目录中。如果用户希望在网络渲染的时候每一个渲染服务器都使用同样的发光图，那么该功能尤其有用。

切换到保存的贴图：只有在“自动保存”复选框选中的时候才能被激活，选中的时候，VRay 渲染器也会自动设置“发光图”为“从文件”模式，并将文件名称设置为以前保存的贴图文件的名称。

2.3　**“V - Ray::灯光缓存”卷展栏**

设置“首次反弹”或者“二次反弹”为“灯光缓存”引擎，“V - Ray::灯光缓存”卷展栏被激活，如图 6-7 所示。

（1）计算参数。

细分:确定有多少条来自相机的路径被追踪。要注意的是,实际路径的数量是这个参数的二次方。例如,这个参数的默认设置为 1000,那么被追踪的路径数量将是 1000 × 1000 = 1000000。

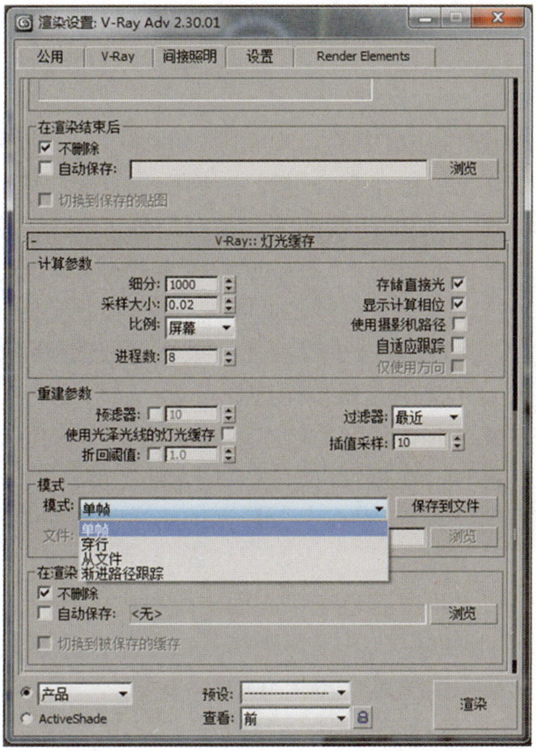

图 6-7 “V - Ray::灯光缓存”卷展栏

采样大小:确定灯光缓存中样本的间隔。较小的值意味着样本之间相互距离较近,灯光缓存将保护照明中锐利的细节,不过会导致产生更多噪波,并且会占用较多的内存。根据灯光缓存“采样大小”模式的不同,该参数可以使用世界单位,也可以使用相对图像的尺寸。

比例:有两种选择(屏幕和世界),主要用于确定样本尺寸和过滤器尺寸。

存储直接光:选中该复选框后,灯光缓存中也将存储和插补直接光照明的信息。该复选框对于有许多灯光,使用“发光图”或直接计算 GI 方法作为“首次反弹”的场景特别有用。因为直接光照明包含在了灯光贴图中,不再需要对每一个灯光进行采样。不过要注意,只有场景中灯光产生的漫反射照明才能被保存。如果用户想使用灯光贴图来近似计算 GI,同时又想保持直接光的锐利,请不要选中该复选框。

显示计算相位:选中该复选框可以显示被追踪的路径。它对灯光贴图的计算结果没有影响,只是给用户一个比较直观的视觉反馈。在场景中带有场进行渲染的时候,该复选框可以忽略,因为在那种情况下,计算相位不会显示。

进程数:“灯光缓存”在几个进程中被计算,然后组合成最后的“灯光缓存”。每一个进程使用独立于其他进程的独立线程进行渲染,这确保了“灯光缓存”在使用不同数量

CPU 时的兼容性。一般情况下,对于同样的样本数量来说,“灯光缓存”计算使用较少数量的进程时,所产生的噪波要少于使用较高数量的进程。对于非超线程的单一处理器来说,该值设置为 1 时可以获得最好的效果。

自适应跟踪:选中该复选框时,在追踪相机路径的过程中采用自适应的方式。默认情况下是不选中的。

(2)重建参数。

预滤器:选中该复选框时,在渲染前灯光贴图中的样本会被提前过滤。

过滤器:该选项确定灯光缓存在渲染过程中使用的过滤器类型。过滤器是确定在灯光缓存中以内插值替换的样本是如何发光的。系统提供了 3 个选项。

无:不使用过滤器。在这种情况下,最靠近着色点的样本被作为发光值使用,这是一种最快的选项,但是如果灯光缓存具有较多的噪波,那么在拐角附近可能会产生斑点。用户可以使用上面提到的预先过滤来减少噪波。如果灯光贴图仅仅被用于测试目的或者只作为“二次反弹”被使用,这个选项是最好的选择。

最近:过滤器会搜寻最靠近着色点的样本,并取它们的平均值。它对于使用灯光缓存作为次级反弹是有用的,它的特性是可以自适应灯光贴图的样本密度,并且几乎是以一个恒定的常量来被计算的。灯光缓存中有多少最靠近的样本被搜寻是由插补样本的参数值来决定的。

固定比率:过滤器会搜寻距离着色点某一固定距离内的灯光缓存的所有样本,并取平均值。它可以产生比较平滑的效果,其搜寻距离是由过滤尺寸参数决定的,较大的取值可以获得较模糊的效果,其典型取值是样本尺寸的 2 ~6 倍。

使用光泽光线的灯光缓存:如果选中该复选框,“灯光缓存”将被用于计算平滑光线的照明,这有助于加速具有平滑反射的场景的渲染速度。

插值采样:此参数定义被用于插值计算的 GI 样本的数量。较大的值会趋向于模糊 GI 的细节,使最终的效果很光滑;较小的值会产生光滑的细节,但是如果使用较低的半球光线细分值也可能会产生黑斑。

(3)模式。

在“模式”下拉列表框中有 4 个选项,如图 6-7 所示。

单帧:这种模式意味着对动画中的每一帧都计算新的灯光贴图。

穿行:使用这个模式意味着假定相机的位置或方位是整个过程中唯一改变的参数时,对整个相机游历动画计算一个灯光贴图。仅将激活时间段的相机运动考虑在内,此时建议使用世界比例。“灯光缓存”只在渲染开始的第一帧被计算,并在后面的帧中被反复使用而不会被修改。

从文件:在这种模式下,“灯光缓存”可以作为一个文件被导入。

渐进路径跟踪:在这种模式下,“灯光缓存”算法为最终图像渐进的使用样本。

首次反弹和二次反弹均为“灯光缓存”时,仅可用子草图测试渲染。如果想达到好的效果,“发光图”与“灯光缓存”这种全局光搭配是很好的选择。

2.4　“V – Ray::焦散”卷展栏

“BF 算法”是最简单、最原始的算法,这种方法是经由独立计算物体表面的每一个

“阴影点”追踪每个点上的半球面不同方向的射线所计算出来的间接照明。

“BF 算法”是一种程序设计的编写风格,这种程序并不带有任何投机取巧的方法来改善计算效率,纯粹只是依赖计算机的不断运算,尝试所有的可能性,直到最终答案被计算出来。

虽然这种方法较为愚笨,而且计算速度缓慢,但可以用来测试其他快速计算方法的精确度。在计算机科学中,“BF 算法”详尽无遗的搜索也被称为 GT 法(生成和测试),在大部分情况下等于“准蒙特卡洛”和“直接计算”。

“BF 算法”其实就是以前版本的“准蒙特卡洛”引擎,一个接近于无偏计算的全局光计算方式,但又不同于 Maxwell 和 Fryrender 所使用的那种纯粹无偏计算,VRay 对其进行了优化。因此,其计算精度还是相当精确的,同时渲染速度也很慢。当细分值较小时,会有杂点产生,如图 6-8 所示。

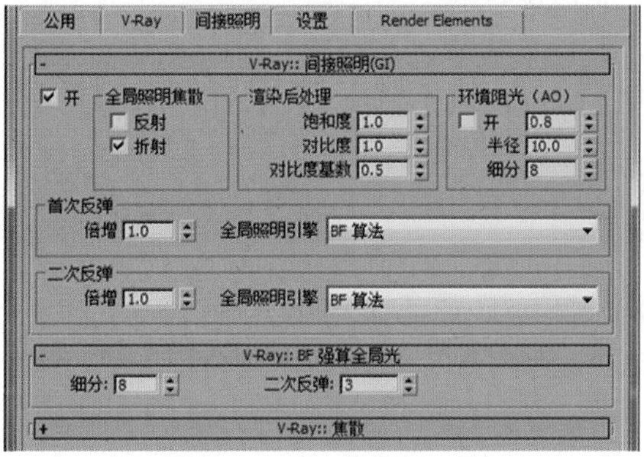

图 6-8　间接照明卷展栏

细分:定义“BF 算法”的样本数量。值越大效果越好,但速度越慢;值越小,产生的杂点会更多,速度相对快些。

二次反弹:当二次反弹引擎选择“BF 算法”以后,这个选项被激活,它控制二次反弹的次数,值越小,二次反弹越不充分,场景越暗。通常在值达到 8 以后,配置更高的值渲染效果也不会有很大变化了,并且值越高渲染速度越慢。二次反弹值越小,光线反弹越不充分,暗部越暗,渲染时间越短;相反,二次反弹值越大,光线反弹越充分,暗部越亮,渲染时间越长。

项目 7　VRay 渲染出图参数设置

【知识要点】

VRay 渲染初级参数调整,VRay 渲染高级参数调整。

【教学目标】

掌握 VRay 渲染初级、高级参数调整;掌握效果图渲染的主要参数设置;设置分辨率;选择输出图形格式。

任务 1　模型检查及初级效果渲染(以办公空间为例)

1　"公用"选项卡设置

步骤 1. 打开教学课件/项目 7 源文件/办公空间/scenes/office - start。

按 F10 键,打开"渲染设置"窗口,或单击主菜单栏上的"渲染设置"按钮 ,当前默认状态下的渲染器是扫描线渲染器。

步骤 2. 现在需要指定 VRay 渲染器,在"公用"选项卡中打开"指定渲染器"卷展栏,单击图 7-1 中所示的按钮,然后指定"V - Ray Adv 2. 30. 01",点击"确定"按钮,如图 7-1 所示。

步骤 3. 为了节省渲染的时间,要将渲染尺寸改小一点,在"公用"选项卡,把渲染尺寸改为 700 × 525,然后在"间接照明"选项卡中打开"V - Ray: : 间接照明"卷展栏,选中"开"复选框,其他选项卡用默认设置即可,VRay 渲染器的设置完成,如图 7-2 所示。

2　"V - Ray"选项卡设置

步骤 1. 进入"V - Ray"选项卡,把默认灯光关掉,关闭默认灯光后,场景中就没有一盏灯光,如果场景中有窗户,需要将天光打开。

步骤 2. 在"V - Ray"选项卡中打开"V - Ray: : 环境卷展栏",选中"全局照明环境(天光)覆盖",如图 7-3 所示。

3　可选操作步骤(检查模型及空间整体明暗)

步骤 1. 按 F10 键打开"渲染设置"窗口,在显示的窗口中打开"V - Ray"选项卡,单击"V - Ray: : 全局开关"展卷栏,在其中选中"覆盖材质"复选框。

步骤2. 按M键打开“材质编辑器”窗口，将选好的默认材质球拖至“替代材质”右侧的“None”按钮上，然后设置材质球的漫反射颜色为白(220)，如图7-3所示。

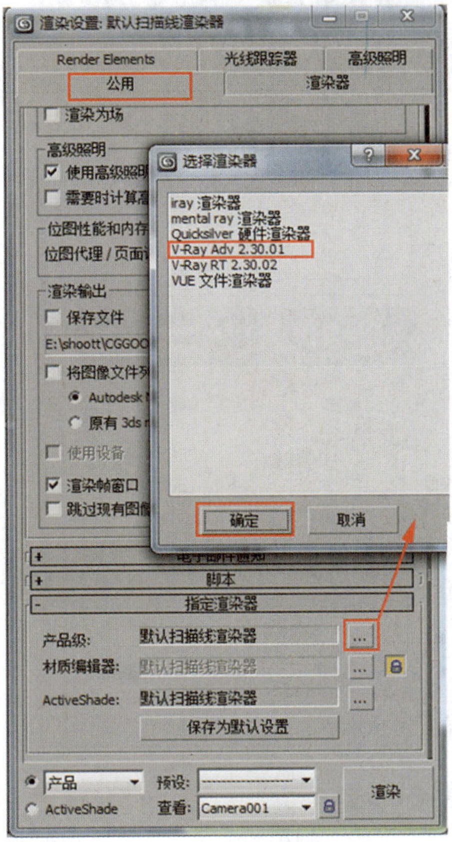

图7-1 “指定渲染器”卷展栏

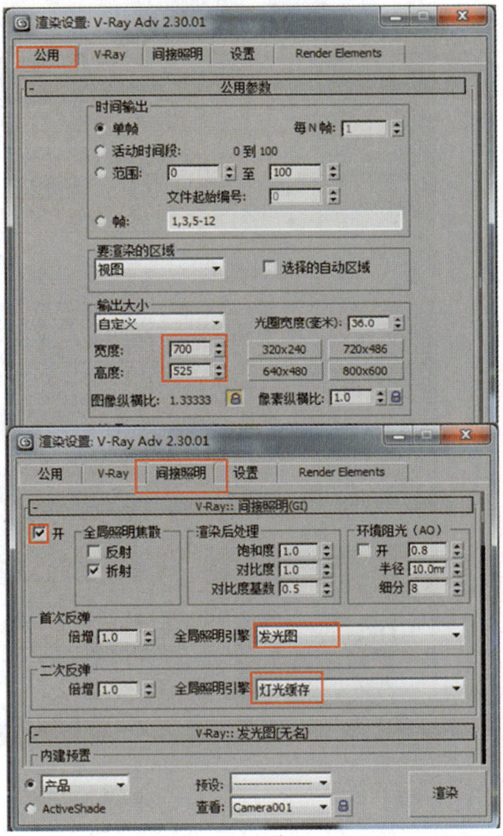

图7-2 “V－Ray::间接照明”卷展栏

技巧提示：为了观察空间明暗，可使用单色替代场景材质，需要观察贴赋材质纹理变化及后期渲染时不勾选，否则不显示场景材质。以后可以选用这种方式来检查模型及整体明暗关系，为后续渲染设置提供参考。

4 “间接照明”选项卡设置

步骤1. 选择“间接照明”选项卡，分别设置“首次反弹”和“二次反弹”为“发光图”和“灯光缓存”的搭配方式，如图7-4所示。设置全局照明环境(天光)倍增值为3.0，如图7-3所示。

步骤2. 点击 渲染 按钮，得到如图7-5所示的初级渲染效果，操作完毕。

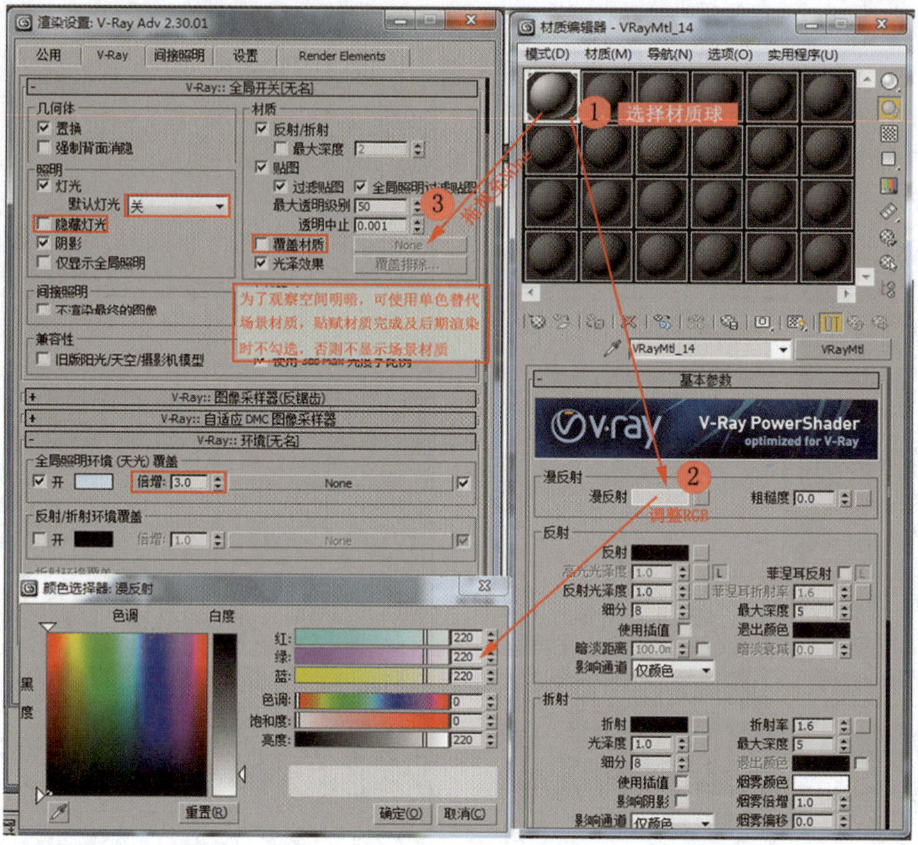

图 7-3　“V－Ray”选项卡设置

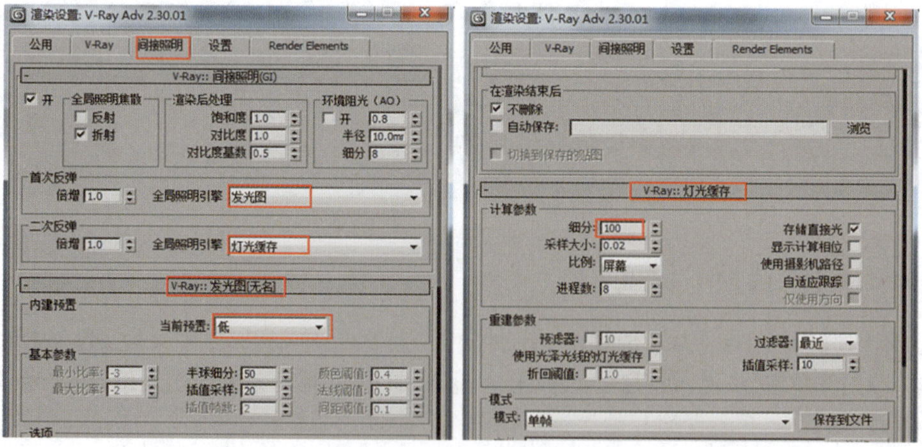

图 7-4　“间接照明”选项卡设置

图 7-5　初级渲染效果

任务 2　效果图最终出图渲染设置(以办公空间为例)

1　“细分”值与“公用”选项卡设置

步骤 1. 打开教学课件/项目 7 源文件/办公室/scenes/office - start,选中室内场景材质,设置其“细分”值。

步骤 2. 对“渲染设置”窗口进行设置,设置渲染尺寸为 2400 × 1600,如图 7-6 所示。

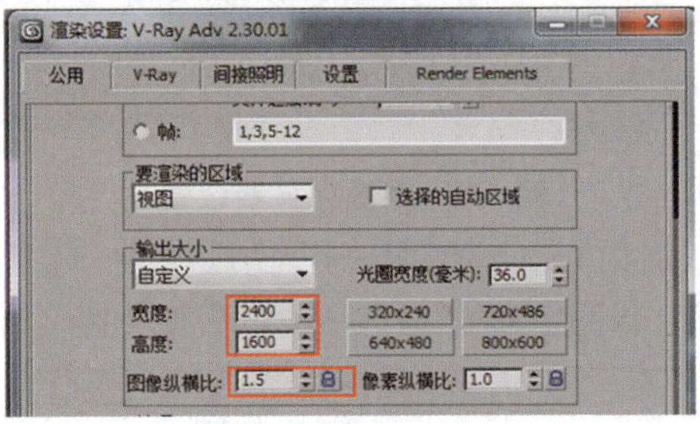

图 7-6　设置渲染尺寸

技巧提示:后期最终渲染时,需要对室内场景材质设置其“细分”值。金属材质的“细分”值为 24,木纹材质的“细分”值为 12,灯光的“细分”值均为 40。总之,有模糊反射的材质一定要给细分,反射光泽度越低细分值要设置的越高。当然,“细分”值的提高会影响到渲染的速度。

步骤 3. 在“渲染输出”选项组中单击“文件”按钮，指定文件的保存路径，设置自动保存，并保存为 TGA 格式，如图 7-7 所示。

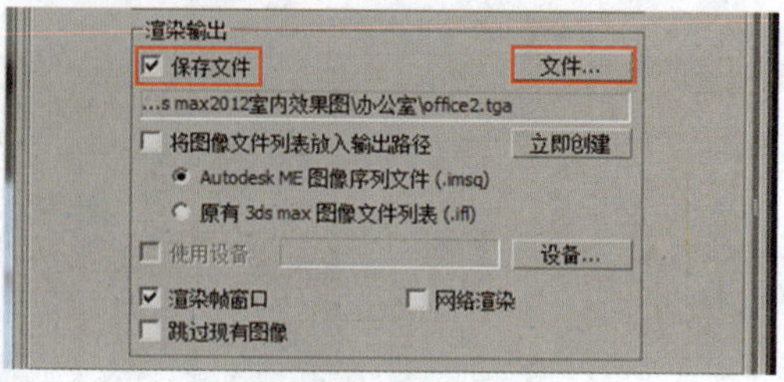

图 7-7 “渲染输出”设置

2 “V－Ray”选项卡设置

步骤 1. 设置“图像采样器”的类型为“自适应确定性蒙特卡洛”，开启“抗锯齿过滤器”，并选择“Mitchell－Netravali”，然后设置“自适应 DMC 图像采样器”的最小细分和最大细分值分别为 2 和 5，如图 7-8 所示。

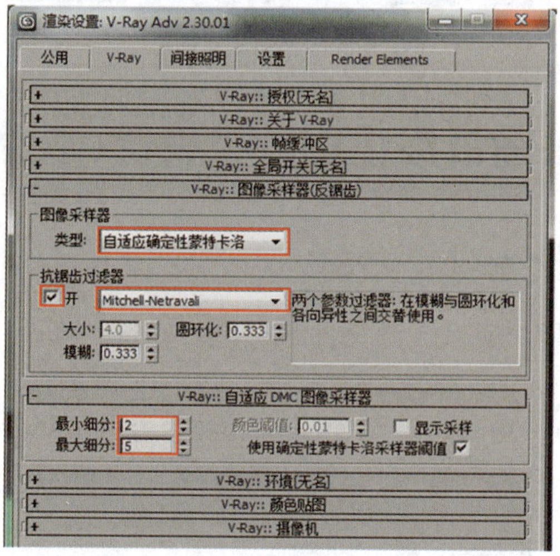

图 7-8 图像采样器设置

步骤 2. 打开“渲染设置”窗口，选择“V－Ray”选项卡，打开“V－Ray::颜色贴图”卷展栏，选择“莱因哈德”类型，设置“加深值”为 0.6，“伽马值”为 1.9，如图 7-9 所示。

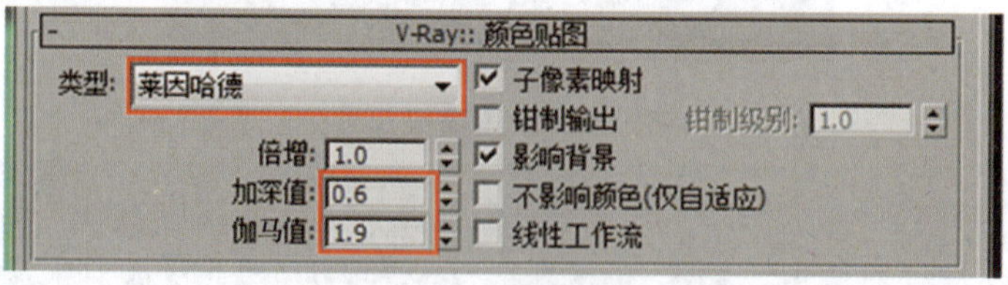

图 7-9 “V－Ray::颜色贴图”卷展栏

3　“间接照明”选项卡设置

选择“间接照明”选项卡，开启全局光，设置“首次反弹”为“发光图”，“二次反弹”为“灯光缓存”。然后在“V－Ray：：发光贴图”卷展栏中设置“当前预置”为“中”，其余参数如图 7-10 所示。

4　“设置”选项卡设置

步骤 1. 选择“设置”选项卡，设置“适应数量”为 0. 65、“噪波阈值”为 0. 005、“最小采样值”为 12，如图 7-11 所示。

步骤 2. 打开“V－Ray：：系统”卷展栏，设置“动态内存限制”为 7000 MB，如图 7-11 所示。

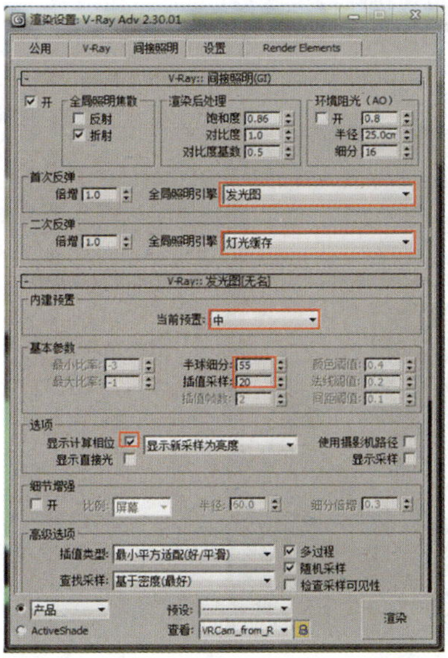

图 7-10　“间接照明”选项卡设置

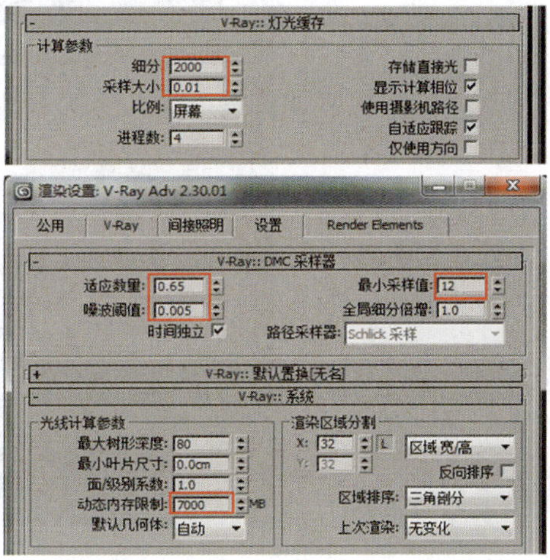

图 7-11　“设置”选项卡设置

技巧提示：动态内存限制表示的是渲染时计算机中内存的最大限度的使用情况。笔者的计算机为 8 GB 内存，所以设置的是 7000 MB。如果读者的计算机是 4 GB 的内存，那么建议读者设置为 3500 MB。

5　“Render Elements”选项卡设置

步骤 1. 选择“Render Elements”选项卡，单击“添加”按钮，选择“VRay 渲染 ID”，使渲染出来的图有通道，如图 7-12 所示。

步骤 2. 到此，最终渲染设置已经完成，单击“渲染”按钮。得到如图 7-13 所示的材质通道图和图 7-14 所示的渲染效果，操作完毕。

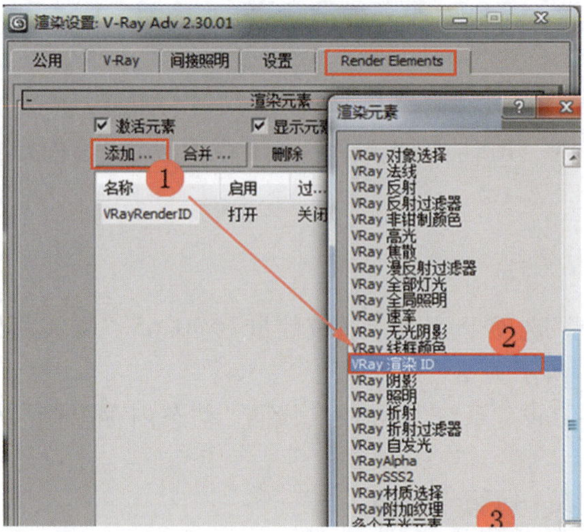

图 7-12　“Render Elements”选项卡

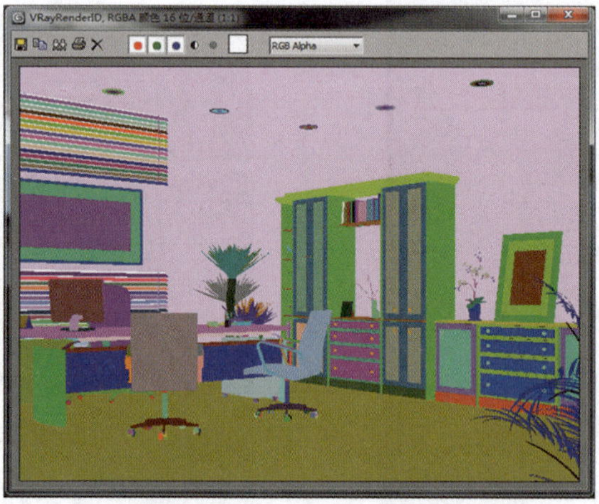

图 7-13　材质通道图

图 7-14　渲染效果

项目8 室内客厅、卧室效果图制作实训

【知识要点】

家装客厅、卧室空间建模、模型合并与拆分;调制材质、设置灯光、VRay 渲染出图。

【教学目标】

学会制作室内客厅、卧室空间效果图的技能,培养对内部空间设计的综合处理能力。

本项目主要采用示范演示、一体化教学,并在教学过程中配合采用小组合作学习法等。

任务1 家装——中式客厅效果图制作

任务1完成的最终效果图如图8-1所示。

图8-1 中式客厅效果图

技术要点:

(1)室内合并场景;

(2)相机设定、VRay 灯光设置;

(3)界面材质的设定调整;

(4)渲染处理。

1 合并场景文件

步骤1. 启动 3ds Max 2012 中文版。

步骤2. 打开教学课件/项目8源文件/“实例 家装客厅墙体空间. max”文件,如图8-2

所示。

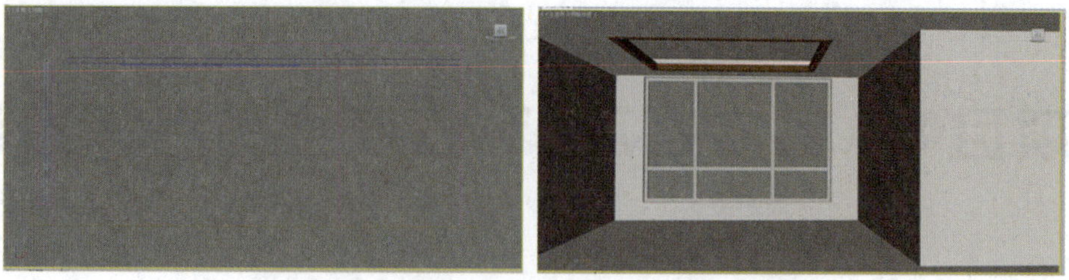

图 8-2　打开的“实例 家装客厅墙体空间 . max”文件

这个场景是前面已制作的，墙体、窗户、天花板已经制作完成了，下面需要为场景合并家具。单击菜单栏中的按钮，在弹出的菜单中选择【导入】/【合并】命令，在弹出的合并文件对话框中选择教学课件/项目 8 源文件文件夹下的“客厅家具 . max”文件合并到场景中，如图 8-3 所示。

图 8-3　合并后的家具

技巧提示：为了便于控制复杂的场景，我们可以先制作场景的框架，然后在另一个文件中制作该场景的家具，最后再合并为一个文件即可。

步骤 3. 将导入的 CAD 平面图删除。

步骤 4. 单击菜单栏按钮下的【另存为】命令，将此线架保存为“实例客厅 1. max ”。

2　客厅材质的调制

关于材质的调制，仅讲述场景中框架的材质，合并对象的材质就不需要讲述了，场景中框架的材质包括白乳胶、壁纸、烤漆玻璃和地砖。关于材质的调制已在前面教学项目中详细讲述了，仅贴图不一样，图 8-4 是对主要材质进行的标记。

技巧提示：因为后面要使用 VRay 进行渲染，所以在调制材质时就应该将 VRay 指定为当前渲染器，否则将不能在正常情况下设置使用 VRay 的专用材质。

步骤 1. 按下 M 键，打开【材质编辑器】窗口，选择第一个材质球，调制一种“白乳胶

图 8-4　场景中的主要材质

漆”材质，在这里就不详细讲述了，将调制好的“白乳胶漆”材质赋给墙体、天花板。

步骤 2. 选择第二个材质球，调制一种“硅藻泥”材质，在【漫反射】中添加一幅名为“硅藻泥 . jpg”的位图，将调制好的“硅藻泥”材质赋给电视后墙，为电视后墙添加【UVW 贴图】修改器，设置一下参数，再调整壁纸的纹理，如图 8-5 所示。

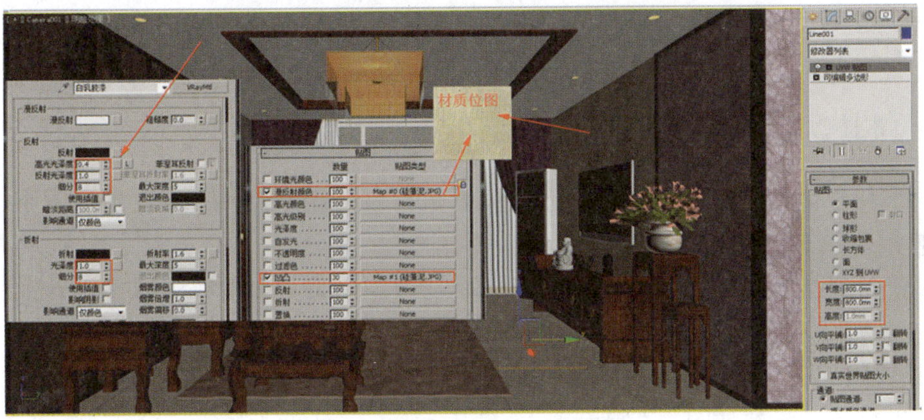

图 8-5　添加材质位图并设置

步骤 3. 选择第三个材质球，调制一种“地砖”材质，在【漫反射】中添加一幅名为“地砖. jpg”的位图，在反射中添加一幅【衰减】贴图，最后调整【反射】下的参数，如图 8-6（a）所示。

步骤 4. 为地面添加【UVW 贴图】修改器，设置一下参数，调整地砖的纹理，如图 8-6（b）所示。

技巧提示：对于合并的家具，我们已经将材质贴赋好了，如果想改变材质的纹理或颜色，使用材质编辑器中的吸管在家具上吸一下，这样所吸的家具的材质就会被吸到活的材质球上，调整家具的材质就会跟随改变。

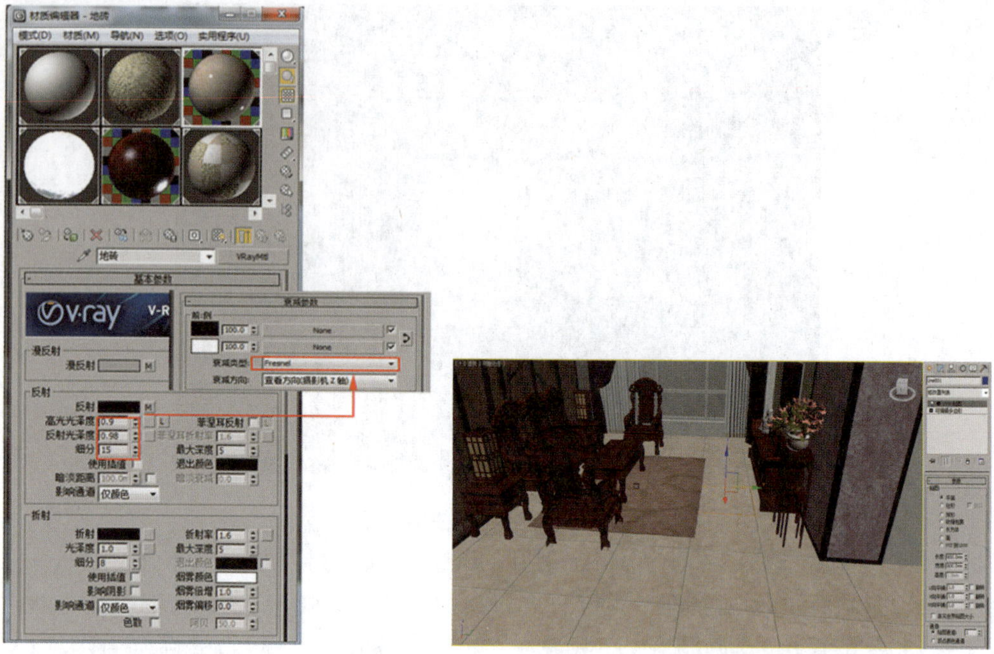

(a) 调制地砖材质　　(b) 为地面贴赋材质

图 8-6　调制地砖材质并为地面贴赋材质

3　客厅相机灯光的设置

步骤 1. 单击创建命令面板中的 (摄影机)/ 目标 按钮，在顶视图中拖动鼠标创建出一个目标摄影机。

步骤 2. 激活透视图，按下键盘上的 C 键，透视图即可变成摄影机视图。在前视图中选择中间的蓝线，也就是同时选择摄影机和目标点，将摄影机移动到高度为 1200 左右的位置，设置【镜头】为 24.0，勾选【剪切平面】选项，设置【近距剪切】为 1500，【远距剪切】为 12000，位置及参数如图 8-7 所示。

使用 VRay 进行渲染，必须勾选摄影机参数下的【剪切】，否则会看不见渲染的效果，然后调整一下【近距剪切】及【远距剪切】的参数就可以了。

为背景添加一幅风景来模拟窗外的风景。

步骤 3. 在视图中创建一个圆弧，执行【挤出】，设置【数量】为 3000 左右，然后添加一个【法线】修改命令，位置如图 8-8 所示。

步骤 4. 按下 M 键，打开【材质编辑器】窗口，选择一个未用的材质球，将材质类型指定为【VR 灯光材质】，设置【颜色】亮度为 2.0，然后添加一幅风景的位图，将调制好的风景赋给圆弧，如图 8-9 所示。

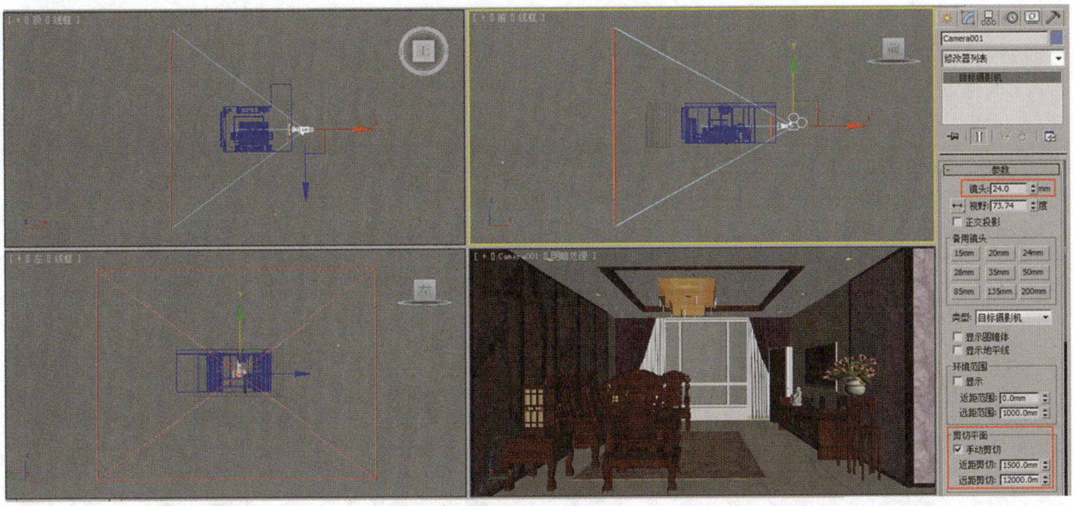

图 8-7　摄影机的位置及参数

图 8-8　法线处理

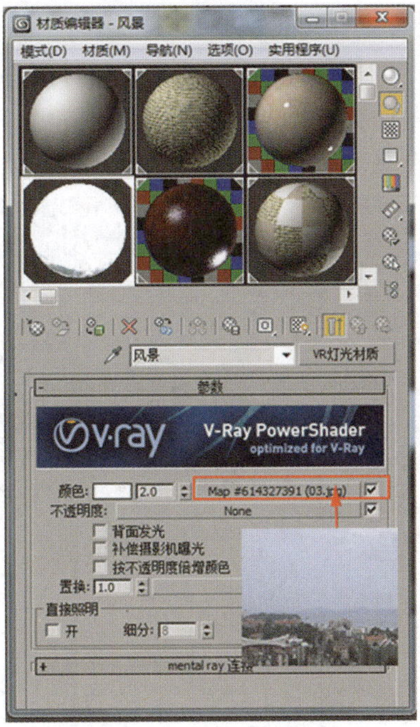

图 8-9　调制的风景材质

为场景设置灯光，我们分两部分进行设置，分别是室外的日光效果及室内的灯光照明。创建日光效果，日光是由太阳光和天空光组成的。

步骤 5. 单击（灯光）按钮/VRay/VR灯光按钮，在左视图落地窗的位置创建一盏【VR 灯光】用于模拟天空光，将【颜色】设置为淡蓝色（天空的颜色），设置【倍增器】为 5 左右，取消【不可见】，参数的设置及灯光位置如图 8-10 所示。

设置完天光效果后就可以设置一下简单的渲染参数并观看一下整体效果，发现不理

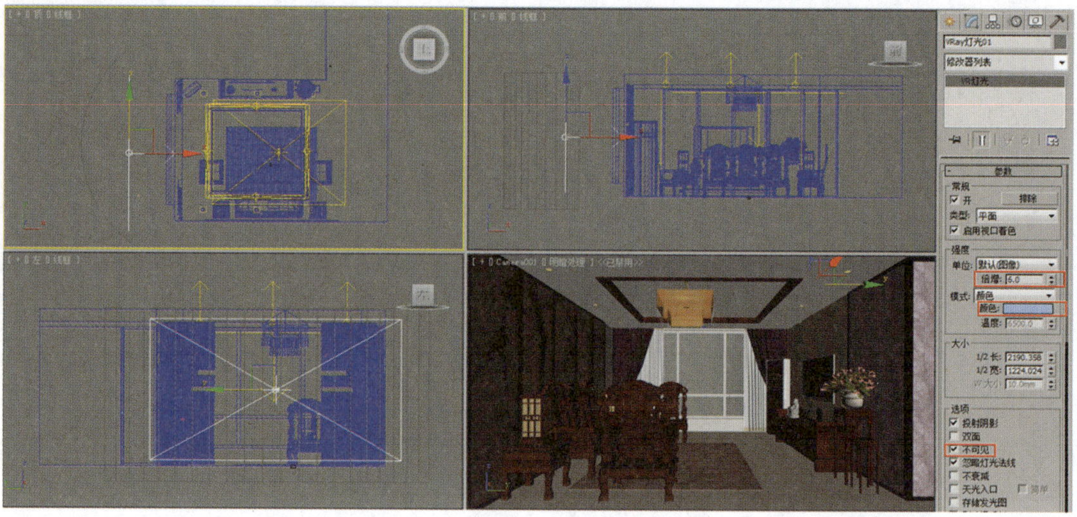

图 8-10　VRay 灯光的位置及参数

想的地方及时调整。

步骤 6. 按下键盘 F10 键，在打开的【渲染场景】窗口中选择【V - Ray】选项卡，设置【图像采样器】、【环境】参数，再选择【间接照明】选项卡，首先打开【全局照明】，设置一下【发光图】、【灯光缓存】的参数，如图 8-11 所示。

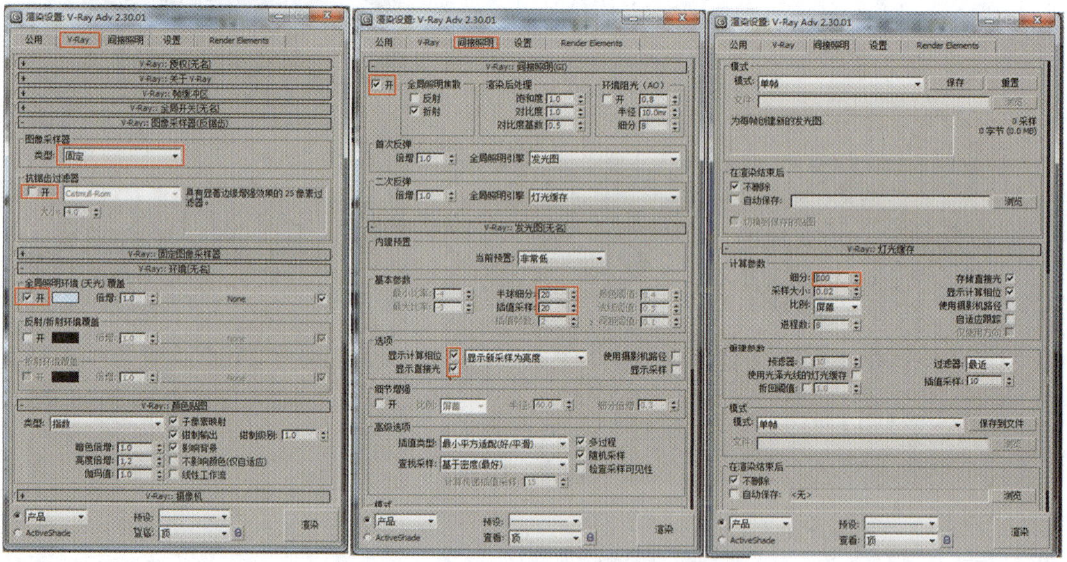

图 8-11　设置 VRay 的测试渲染参数

技巧提示：在进行渲染测试时最好先简单设置参数，这样渲染的速度会快很多，如果发现有问题可以进行调整，最后设置一个高的参数进行渲染。

步骤 7. 按下 Shift + Q 键快速渲染，此时的效果如图 8-12 所示。

下面继续设置室内的灯光照明。

步骤 8. 在顶视图灯槽的位置创建【VR 灯光】,用于模拟灯槽的发光效果,然后使用【实例】方式复制多盏,长度不合适可以使用缩放进行调整,位置如图 8-13 所示。

图 8-12 渲染的效果图

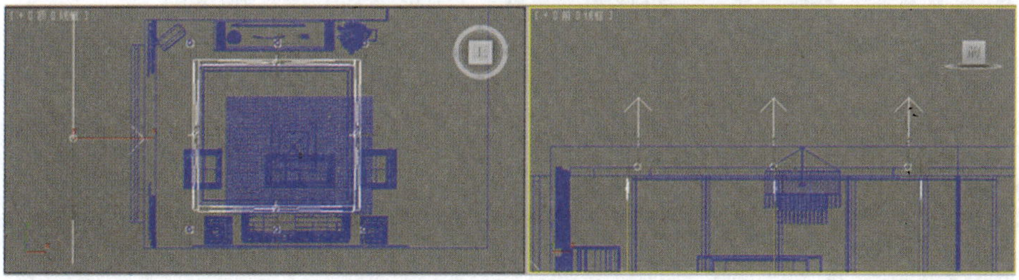

图 8-13 为灯槽创建灯光

步骤 9. 在顶视图中吊灯的位置创建一盏【VR 灯光】来模拟吊灯的发光效果,设置【颜色】为黄色,设置【倍增器】为 2 左右,取消【不可见】,将吊灯排除,位置如图 8-14 所示。

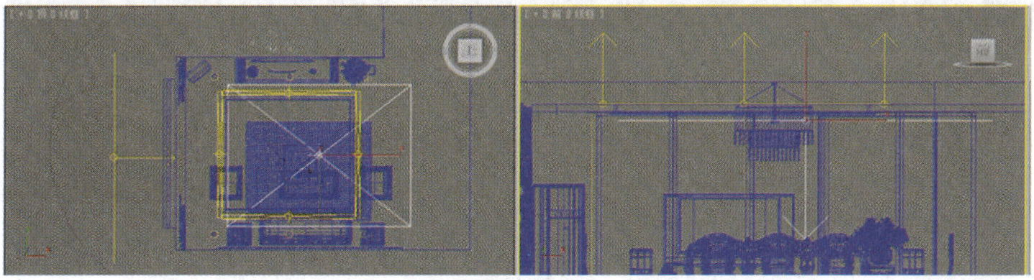

图 8-14 创建吊灯效果

步骤 10. 单击(灯光)/ 目标灯光 按钮,在前视图中拖动鼠标,创建一盏【目标

点光源】,位置如图 8-15 所示。

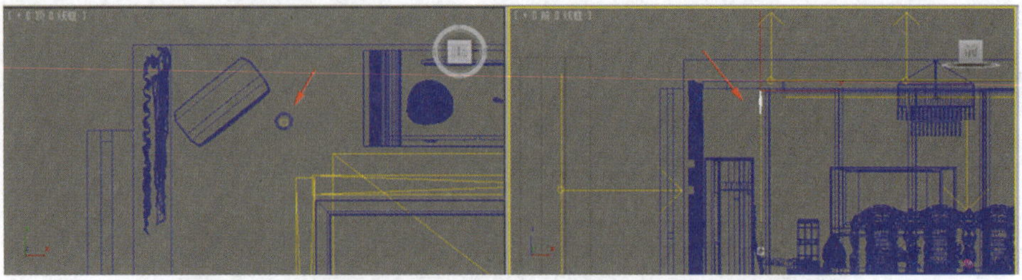

图 8-15　目标点光源位置

步骤 11. 选择灯头,进入修改命令面板,勾选【阴影】,选择【VRay 阴影】,为【目标点光源】选择【光度学 Web】,选择教学课件/项目 8 源文件/贴图文件夹下的"中间亮. IES",如图 8-16 所示。

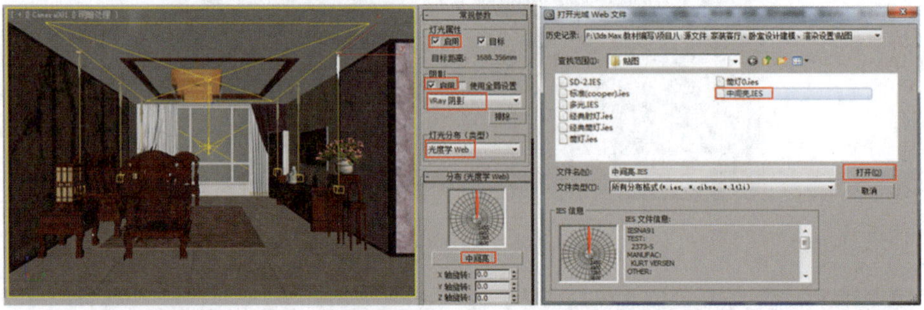

图 8-16　选择【光度学 Web】

步骤 12. 调整【光度学 Web】的【强度】为 18000 左右,在前视图中使用【实例】方式复制多盏,如图 8-17 所示。

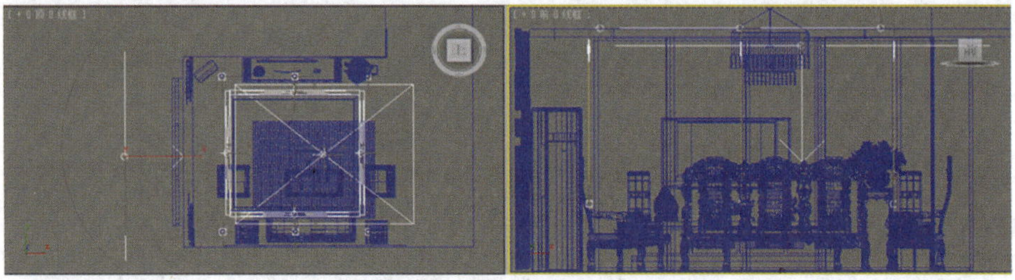

图 8-17　对灯光进行复制

步骤 13. 按下 Shift + Q 键快速渲染,渲染的效果如图 8-18 所示。

从上面的渲染效果来看整体曝光了,这种现象在渲染参数中就可以很好地控制。

4　设置 VRay 的最终渲染参数

当场景中的摄影机和灯光设置完成后,这时就需要对前面设置的参数进行调整,设置渲染输出的参数,把灯光和渲染的参数提高以得到更好的渲染效果。这个场景就不需要渲染小光子图再渲染大图了。

图 8-18　渲染的效果图

步骤 1. 将模拟天光及吊灯的【VR 灯光】的【细分】修改为 20，然后取消【影响反射】，如图 8-19 所示。

技巧提示：修改【VR 灯光】下的【细分】参数，主要用于控制画面的清晰度，较小的数值墙面上就会有杂点，一般最终渲染时调整该数值为 20～30。

步骤 2. 按下键盘中的 F10 键，在打开的【渲染场景】窗口，调整【图像采样】、【发光贴图】、【灯光缓冲】、【DMC 采样】的参数，如图 8-20 所示。

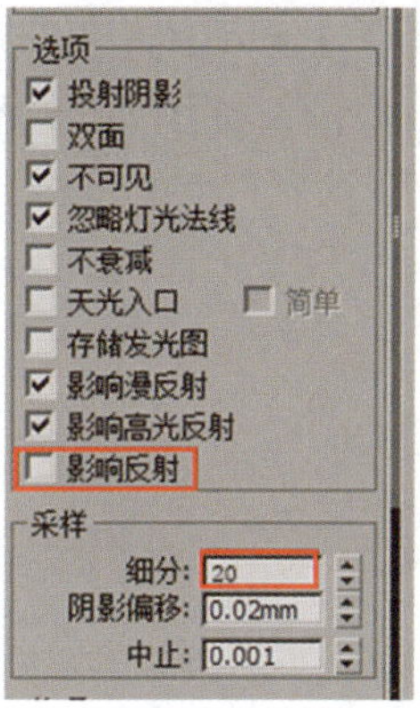

图 8-19　设置灯光的细分

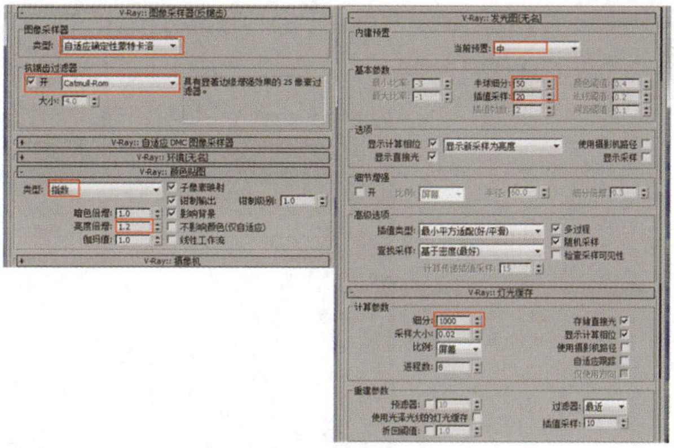

图 8-20　调整渲染参数

技巧提示：一般情况下，在【颜色映射】的【类型】右侧窗口中选择【指数】还是比较多的，采用【指数】整体效果会比较柔和。

步骤 3. 设置完成参数后单击【公用】选项就可以渲染一张大尺寸的图了，可以将尺寸设置为 1500 × 1125，单击 渲染 按钮，如图 8-21 所示。

步骤 4. 经过 40 分钟左右的时间渲染，最终渲染效果如图 8-22 所示。

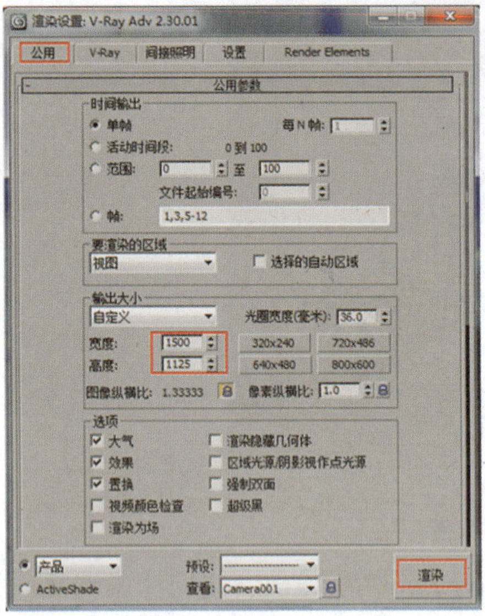

图 8-21　设置渲染尺寸

图 8-22　渲染的效果

技巧提示：如果渲染大尺寸的图，最好先渲染一张光子图，再渲染大尺寸的图纸，这样会加快渲染速度。关于光子图的使用将在下面的实例中讲述。

步骤 5. 在渲染窗口中单击【保存图像】按钮，在弹出的【保存图像】窗口中将文件命名为“客厅”，【保存类型】选择 *. tif 格式。单击保存按钮，将渲染的图像保存，如图 8-23 所示。

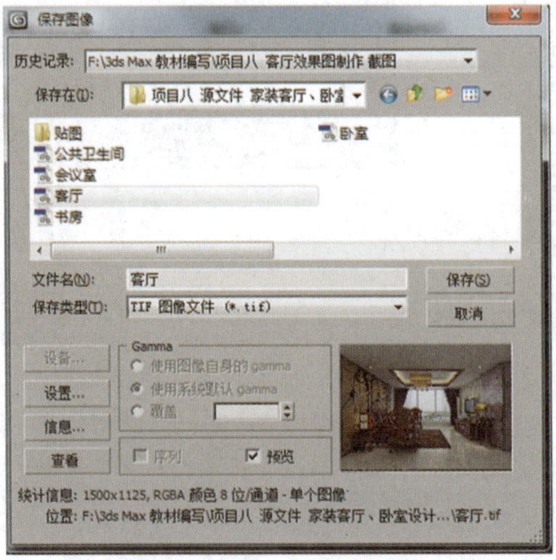

图 8-23　对渲染的图像保存

步骤 6. 按下键盘中的 Ctrl + S 键，快速保存场景，操作完毕。

任务 2　家装——现代卧室效果图制作

任务 2 完成的最终效果图如图 8-24 所示。

图 8-24　现代卧室效果图

技术要点：

(1) 合并场景；

(2) 材质的设定调整；

(3) VRay 灯光、太阳光设置；

(4) 渲染参数设定、渲染处理。

1　合并场景文件

步骤 1. 启动 3ds Max 2012 中文版。

步骤 2. 打开教学课件/项目 8 源文件/"实例 卧室墙体空间. max"文件，如图 8-25 所示。

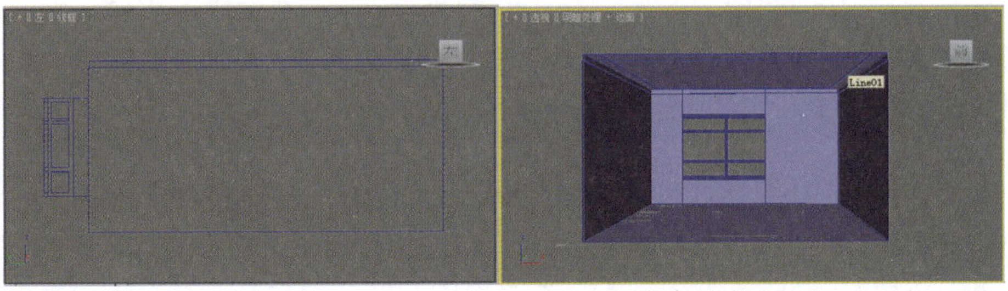

图 8-25　打开的"实例 卧室墙体空间. max"文件

这个场景中的框架模型已经制作完成了，下面重点讲述材质的调制及灯光的设置，最终使用 VRay 渲染出图。

步骤 3. 将教学课件/项目 8 源文件/"卧室家具 . max"文件合并到场景中，如图 8-26

所示。

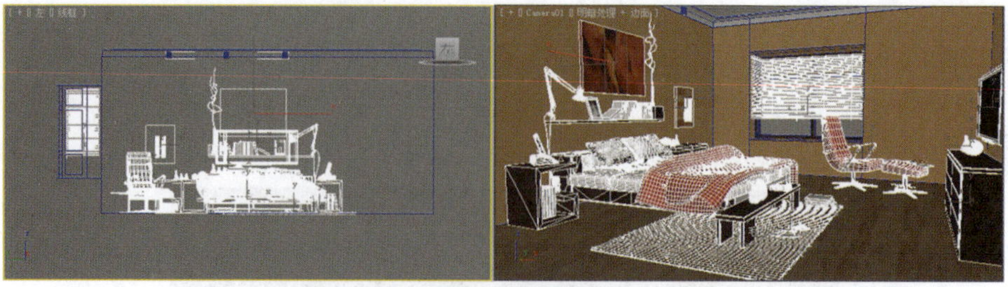

图 8-26　合并家具

步骤 4. 右击鼠标，在弹出的菜单中选择【全部解冻】，将 CAD 平面图删除。

步骤 5. 单击菜单栏按钮下的【另存为】命令，将此线架保存为"实例卧室 2. max"。

2　卧室材质的调制

卧室场景中框架的材质包括白乳胶漆、黄乳胶漆、地板，效果图如图 8-27 所示。

图 8-27　卧室场景中的主要材质

步骤 1. 按下 M 键，打开【材质编辑器】窗口，选择第一个材质球，为其调制一种"白乳胶漆"材质。在这里就不讲述了，将调制好的"白乳胶漆"材质赋给天花板及上面的装饰线。

步骤 2. 选择第二个材质球，为其调制一种"黄乳胶漆"，在调制"黄乳胶漆"材质时使用了【VR 材质包裹器】，可以合理地控制墙面黄乳胶漆颜色溢出的现象，如图 8-28 所示。

步骤 3. 将调制好的"黄乳胶漆"材质赋给墙体。

步骤 4. 选择第 3 个材质球，调制一种"地板"材质，在【漫反射】中添加一幅名为"地板 01. jpg"位图，为地面添加【UVW 贴图】修改器，设置一下参数，调整地板的纹理，如图 8-29所示。

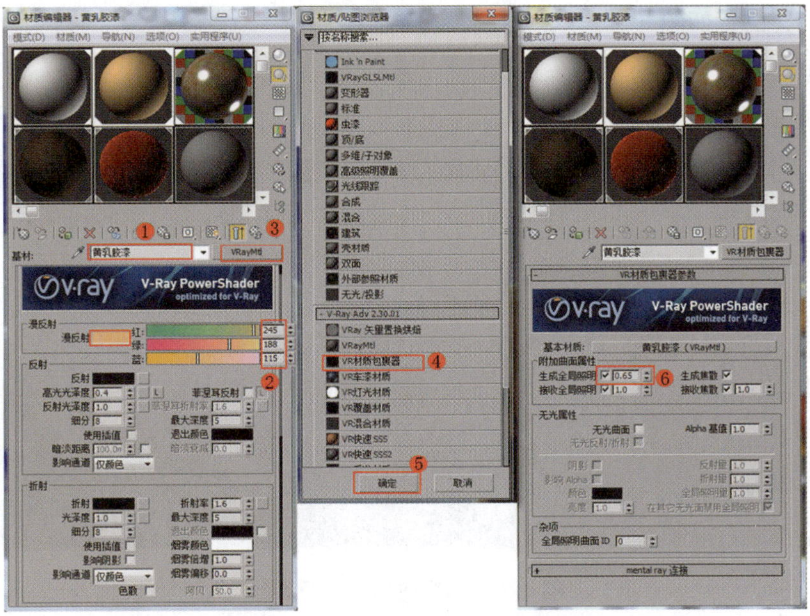

图 8-28　调制“黄乳胶漆”材质

图 8-29　为地面赋地板材质

技巧提示：如果想快速地调制各种材质，最好的办法就是建立一个常用的材质库，当模型建立完成后，直接调用材质库中的材质就可以了。

3　卧室摄影机及灯光的设置

步骤 1. 单击【创建】命令面板中的（摄影机）/ 目标 按钮，在顶视图中拖动鼠标创建出目标摄影机。

步骤 2. 激活透视图，按下键盘上的 C 键，透视图即可变成摄影机视图。在顶视图及前视图中调整摄影机的位置稍微带一点俯视的效果，设置【镜头】为 28.0，调制一下【剪切平面】的参数，位置如图 8-30 所示。

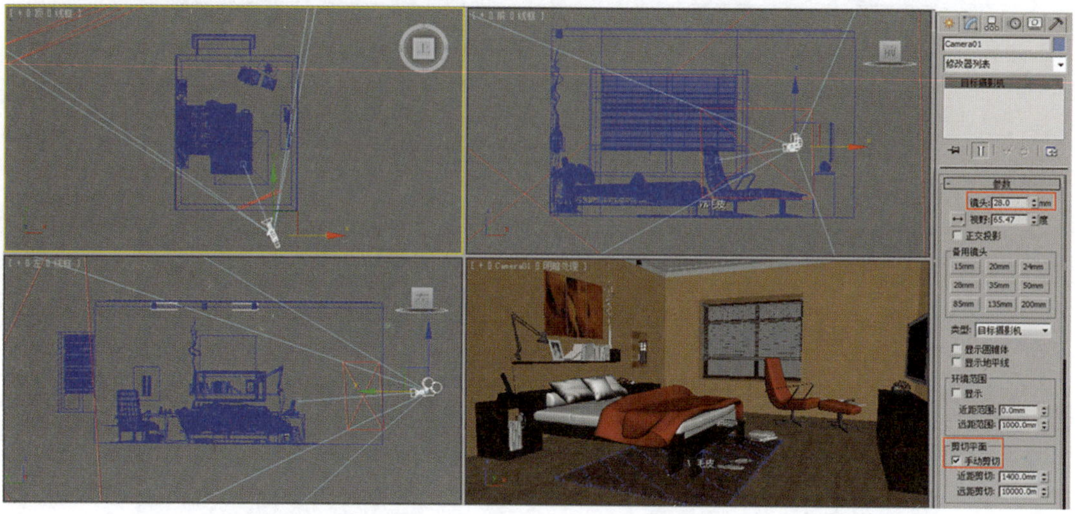

图 8-30　摄影机的位置及参数

设置灯光，灯光分两部分来设置，分别是室内的灯光照明以及室外的日光效果。

步骤 3. 单击（灯光）/ VRay / VR太阳 按钮，在顶视图中单击鼠标左键，创建一盏【VR 阳光】，在各个视图中调整一下它的位置，设置灯光的【强度倍增】为 0. 05，设置【大小倍增】为 3，目的是让阴影的边缘比较虚，参数及位置如图 8-31所示。

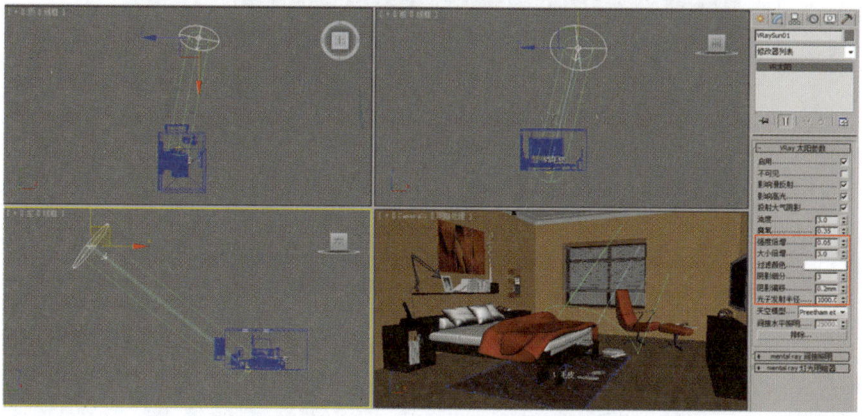

图 8-31　【VR 太阳】的位置及参数

下面用【VR 灯光】来创建天光效果。

步骤 4. 单击（灯光）/ VRay / VR灯光 按钮，在前视图凸窗的位置创建 3 盏 VR 灯光用于模拟天空光，设置【亮度】为 10 左右（因为选择的曝光方式不同，所以灯光的亮度要大），设置颜色为淡蓝色（天空的颜色），位置如图 8-32 所示。

步骤 5. 单击（灯光）/ 目标灯光 按钮，在前视图床头上面壁灯的位置创建一盏【目标灯光】，选择【光度学 Web】选项，广域网名为“经典射灯 . IES”，调整灯光的【强度】为 600 左右，使用【实例】的方式复制 2 盏，到如图 8-33 所示的位置。

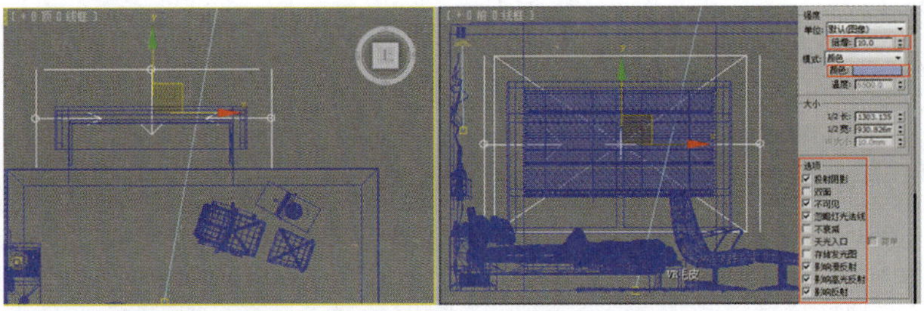

图 8-32　【VR 灯光】的位置及参数

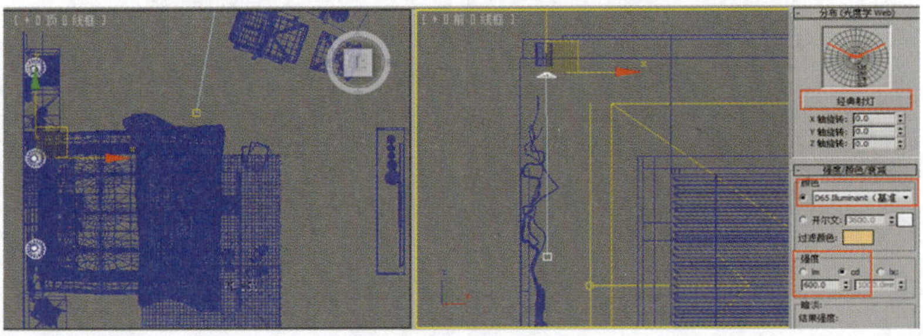

图 8-33　目标点光源位置

步骤 6. 在顶视图中创建一盏【VR 灯光】，模拟顶面的发光效果，设置【颜色】为黄色，设置【倍增器】为 1 左右，将【不可见】选项取消，位置如图 8-34 所示。

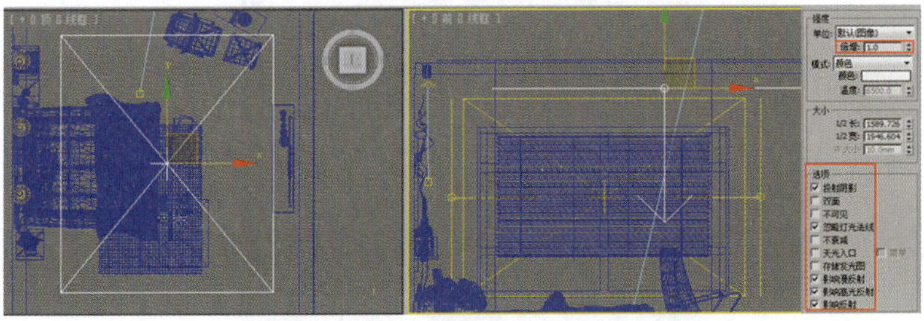

图 8-34　创建的 VR 灯光

这样卧室的灯光就设置完了，下面需要设置 VRay 的渲染参数。

4　设置 VRay 的渲染参数

步骤 1. 按下 8 键，打开【环境和效果】窗口，调整背景的颜色为白色。

步骤 2. 按下 F10 键，在打开的【渲染场景】窗口中选择【V－Ray】选项卡，设置【全局开关】、【图像采样器】参数，选择【间接照明】选项卡，打开【全局照明环境】，设置其他参数，如图 8-35 所示。

技巧提示：在进行渲染时场景中的地毯采用了【VR 毛发】，在渲染过程中的速度相对来说会慢一些。为了加快渲染速度，在进行测试过程中可以将【VR 毛发】隐藏起来，最终渲染时再显示出来。

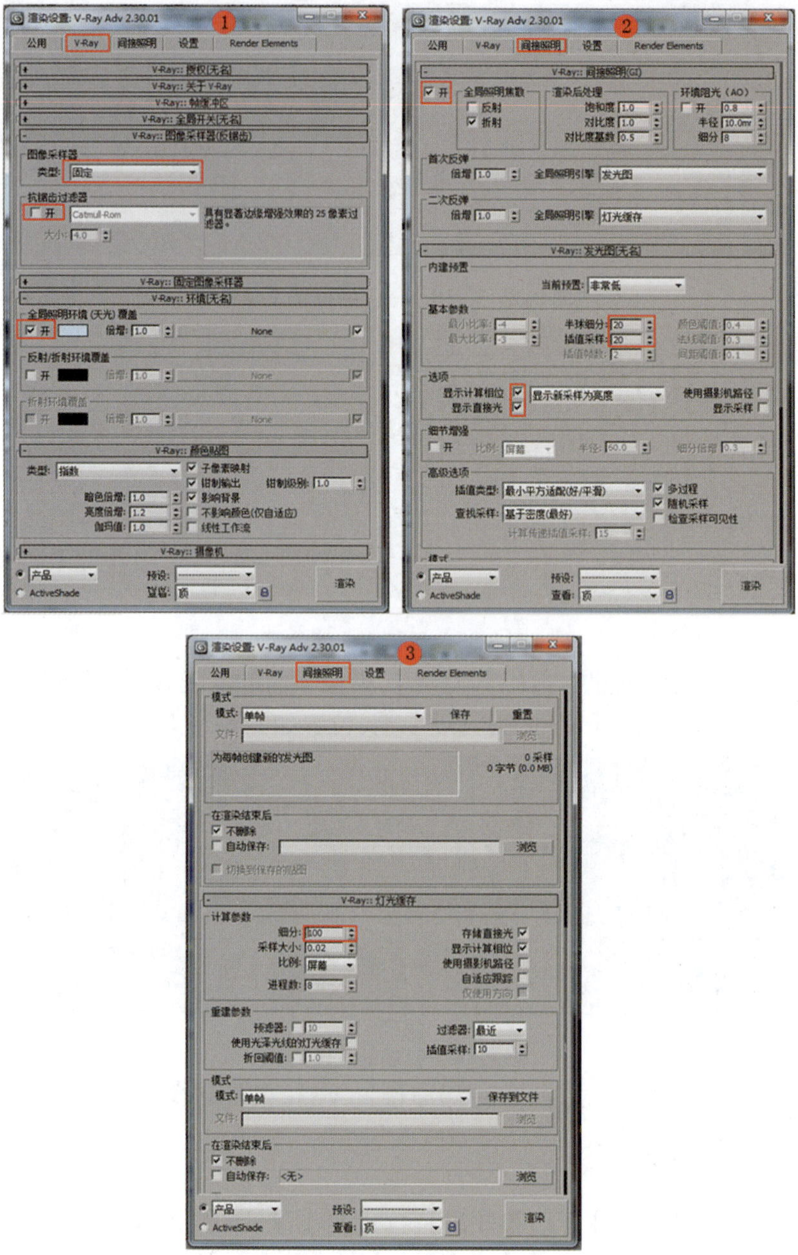

图 8-35　设置 VRay 的渲染参数

步骤 3. 按下 Shift + Q 键快速渲染，此时的效果如图 8-36 所示。

通过渲染效果不难看出很多问题，主要是曝光比较严重，再就是颜色和灯光的对比较为强烈，整体有点暗，对此应作如下调整。

步骤 4. 为了有一个合理的曝光控制，在【颜色贴图】卷展栏下方【类型】右侧的窗口中选择【指数】曝光方式，调整【暗色倍增】、【亮度倍增】的值为 1.2，如图 8-37 所示。

图 8-36 渲染效果

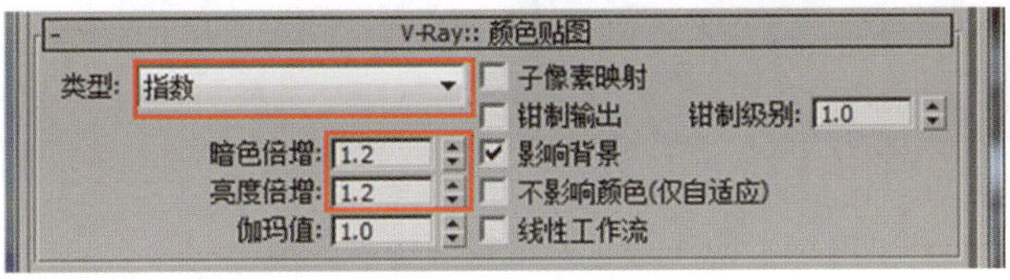

图 8-37 调整【颜色映射】参数

步骤 5. 快速渲染观看效果，调整后渲染效果如图 8-38 所示。这次渲染的效果整体比较柔和。

图 8-38 调整后渲染效果

下面对最终渲染参数进行设置。

步骤 6. 将房间顶面的 VR 平面光、模拟天光的 VR 平面光的【细分】修改为 20。

步骤 7. 按下 F10 键，在打开的【渲染场景】窗口中调整一下【图像采样器】、【发光图】、【灯光缓存】和【系统】的参数，如图 8-39 所示。

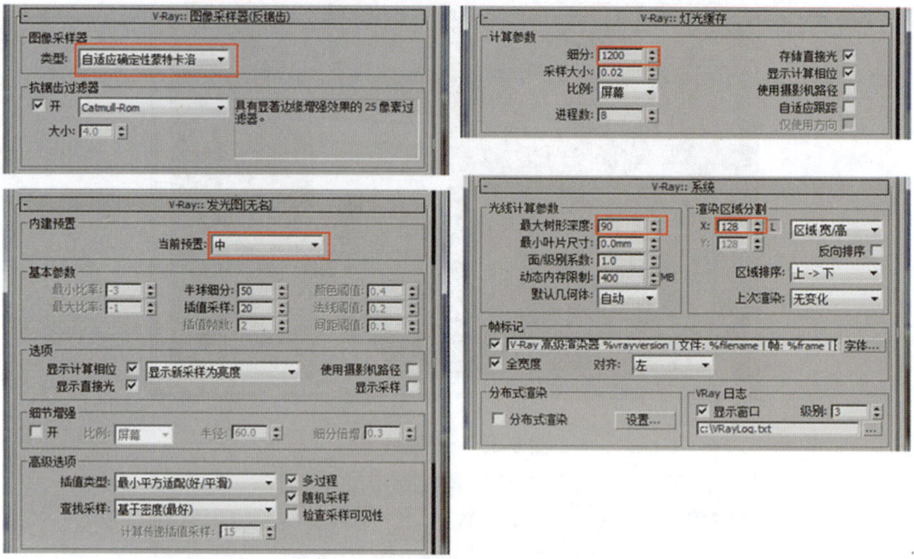

图 8-39　调整最终渲染参数

步骤 8. 设置完参数后单击【公用】选项卡就可以渲染一张大尺寸的图了，可以将【输出大小】设置为 1500 × 1125，单击渲染按钮，如图 8-40 所示。

步骤 9. 经过两个小时左右的渲染，最终渲染效果如图 8-41 所示。

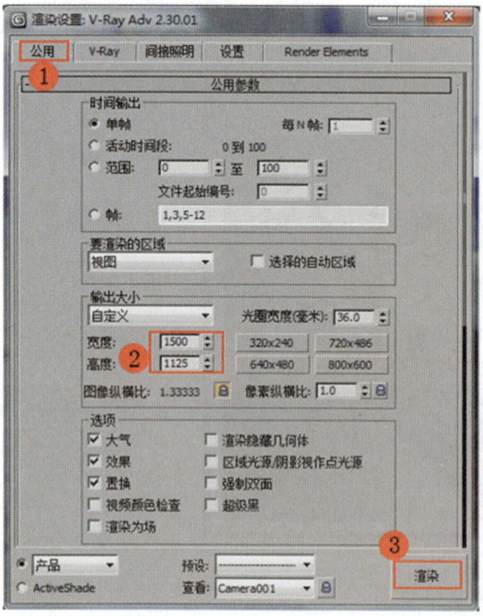

图 8-40　设置渲染尺寸

图 8-41　渲染效果

步骤10. 在渲染窗口中单击(保存图像)按钮,在弹出的【保存图像】窗口中将文件命名为“卧室”,【保存类型】选择 *. tif 格式,单击【保存】按钮就可以将渲染的图像保存。

步骤11. 按下 Ctrl + S 键,将场景快速保存,操作完毕。

项目9　室内餐厅、书房效果图制作实训

【知识要点】

餐厅、书房空间建模；材质路径设置、归档处理。

【教学目标】

通过课内实训，学会制作室内餐厅、书房空间效果图，培养内部空间设计的综合处理能力。

本项目主要采用示范演示、一体化教学，并在教学过程中，配合采用小组合作学习法、自学辅导法等。

任务1　餐厅效果图制作

任务1完成的最终效果图如图9-1所示。

图9-1　餐厅效果图

技术要点：

(1)室内场景建模；

(2)VRay灯光设置；

(3)各类木质材质的参数调整；

(4)后期处理。

1　模型部分

1.1　墙面模型制作

步骤1. 打开3ds Max 2012软件，导入CAD图纸，如图9-2所示。

步骤 2. 使用冻结命令，冻结平面图，如图 9-3 所示。

在创建面板中，选择样条线中的【线】命令，在平面图上绘制餐厅的线框，然后在修改版面中修改器列表中找到【挤出】命令，设置【挤出】命令的数值为 2800 mm，作为墙面的模型。如图 9-4、图 9-5 所示。

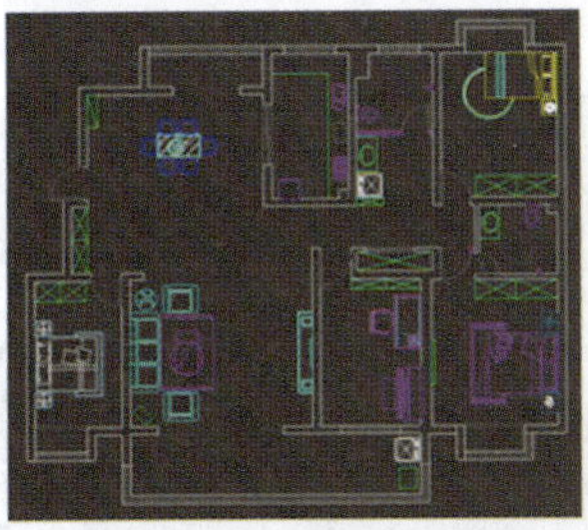

图 9-2　导入平面图

图 9-3　冻结平面图

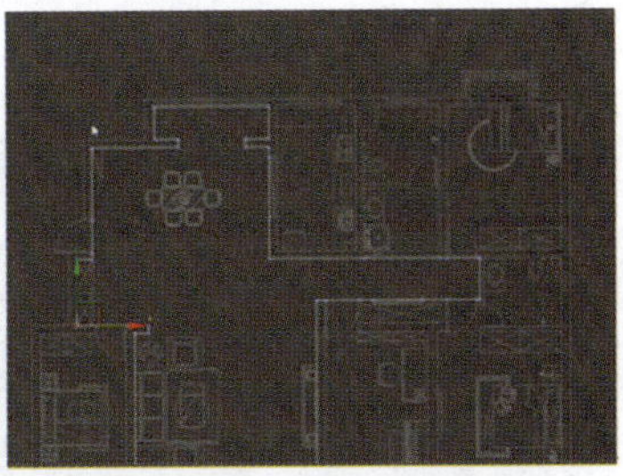

图 9-4　绘制餐厅线框

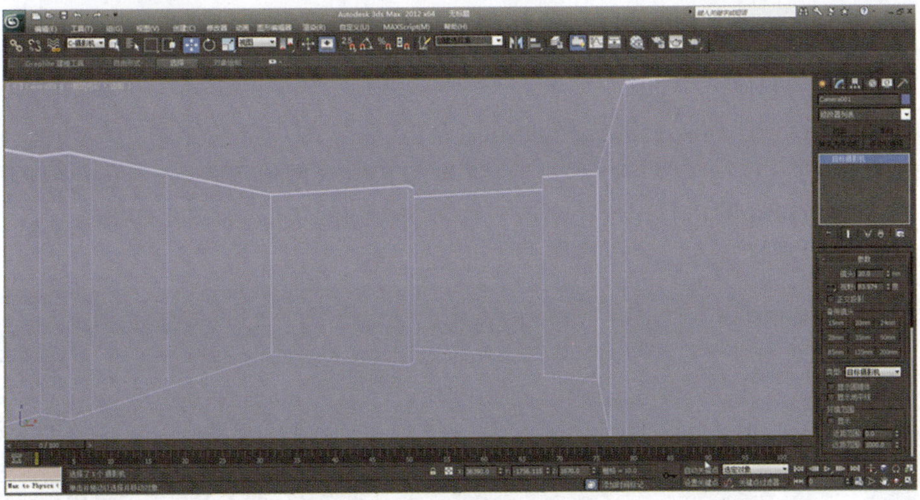

图 9-5　餐厅墙体挤出

1.2　门窗模型的制作

步骤 1. 在创建面板中选择【样条线】命令，在线级别中选中门和窗的垂直方向的线，用【连接】命令创建门和窗的垂直方向上的位置线，再在面级别中选择门和窗，使用【挤出】命令设置其参数值为 −240 mm，然后删除面片，如图 9-6、图 9-7 所示。

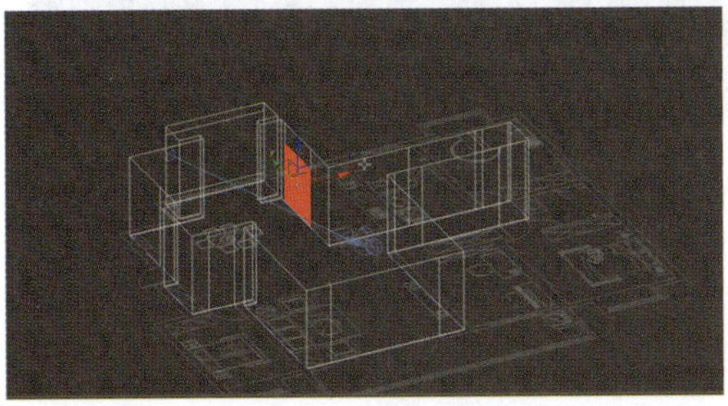

图 9-6　门窗的选中

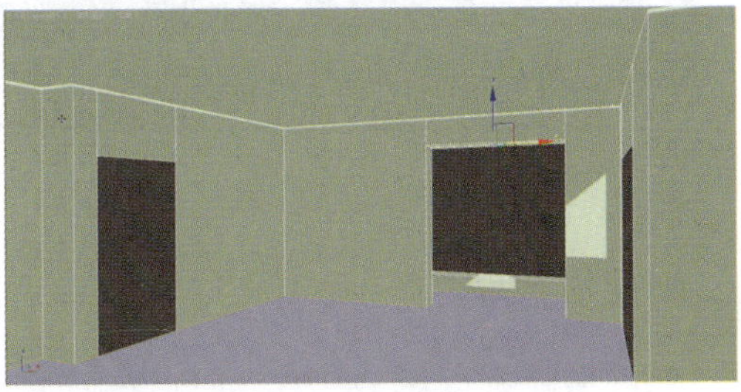

图 9-7　删除门窗部位墙体

步骤 2. 使用二维线命令中的【矩形】命令制作推拉门的外框，使用【挤出】命令，设置数值为 50 mm，复制一个叠加在第一个上面，做出推拉门，如图 9-8 所示。

步骤 3. 使用创建面板中的图形，点击【矩形】命令，打开 2. 5 维捕捉，将北阳台的窗户外形绘制出来，转换为可编辑多边形，进入面级别，采用插入、挤出的命令做出窗户，如图 9-9 所示。

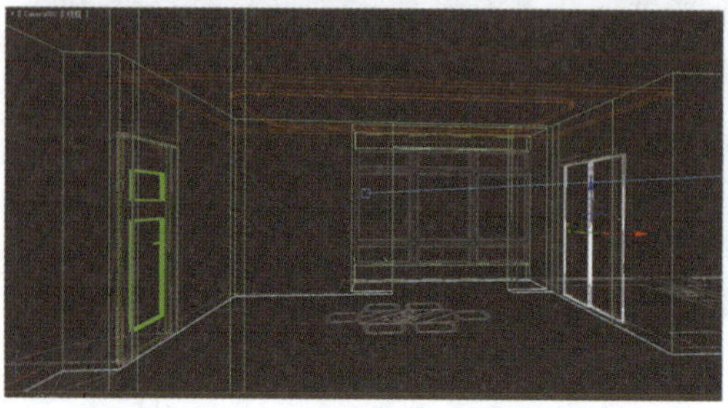

图 9-8　推拉门制作

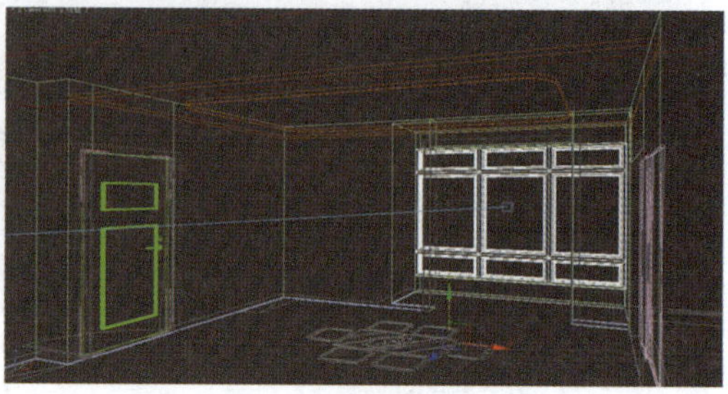

图 9-9　窗户制作

1.3　吊顶模型的制作

步骤如下：在创建面板中选择【矩形】命令，在餐厅的顶部绘制吊顶的外框，转换为【可编辑样条线】，在【样条线】命令中，选择【轮廓】，输入数值 500 mm。选择内侧的样条线，在点级别中选择【圆角】命令，使矩形变为带有圆角的矩形，如图 9-10 所示。

最后将室内家具及陈设的模型导入即可。

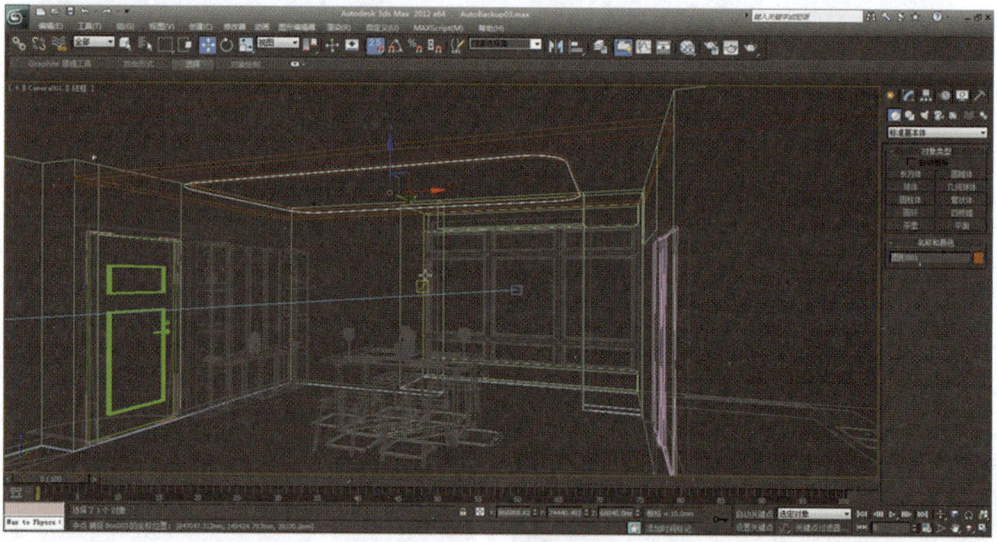

图 9-10　吊顶制作

2　创建摄影机

当模型建好以后，要为空间创建摄影机，下面将介绍本场景中摄影机的创建方法。

步骤 1. 在创建面板中，点击摄影机按钮。

步骤 2. 切换到顶视图中，创建餐厅的摄影机，按住鼠标左键在顶视图中创建一个摄影机，切换到左视图，调整摄影机的位置，如图 9-11 所示。

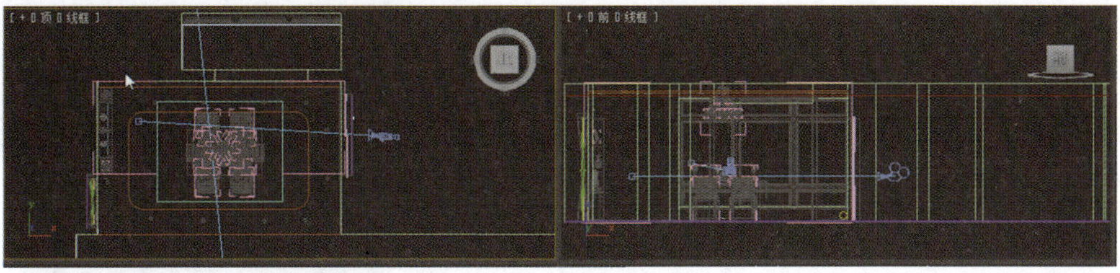

图 9-11 摄影机位置

步骤 3. 修改摄影机的参数，如图 9-12、图 9-13 所示。

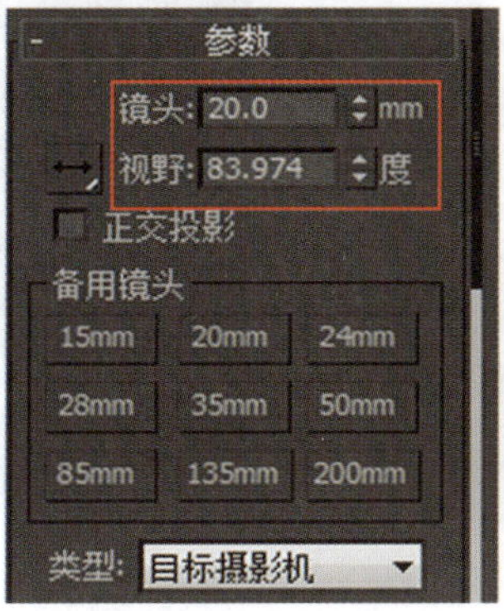

图 9-12 摄影机调整(1)

图 9-13 摄影机调整(2)

3 灯光的设定

3.1 设置场景的主光源

步骤 1. 在创建面板里点击 VRayLight 按钮，在室内建立一盏 VRayLight 面光源，用来模拟室内主光源照明，具体位置如图 9-14 所示。

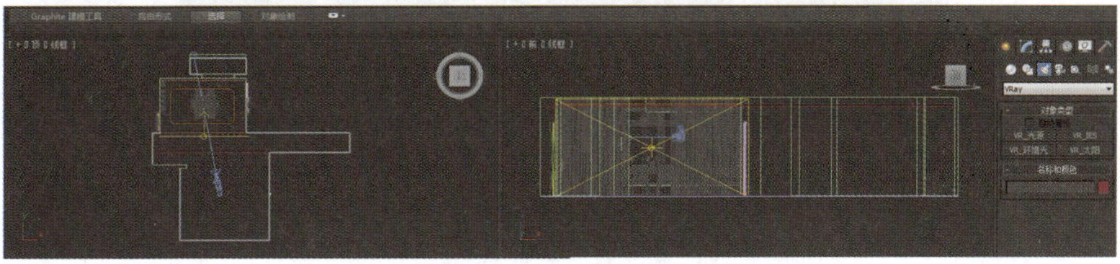

图 9-14 设置场景的主光源

步骤 2. 在修改命令面板中设置光源参数，设置光源的颜色为黄色，使用面光源来模拟环境光，如图 9-15 所示。

3.2 设置场景替代材质

步骤 1. 用 M 键打开材质编辑器，选择一个空白样本球，设置材质的样式为 VRayMtl，如图 9-16 所示。

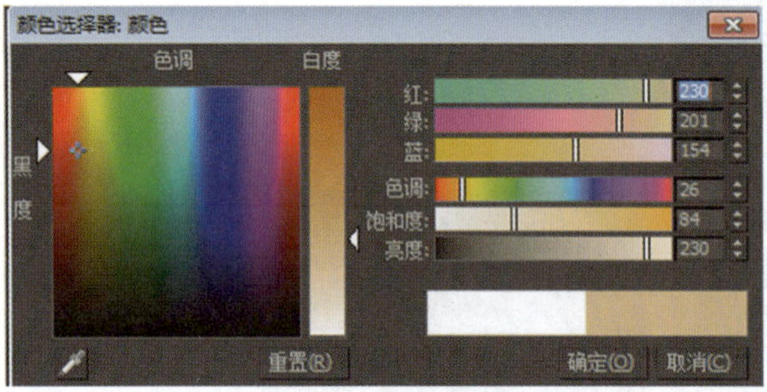

图 9-15　灯光颜色

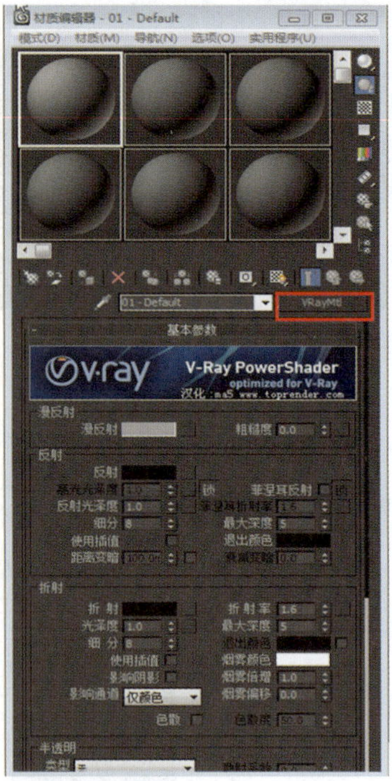

图 9-16　VRayMtl

步骤 2. 将漫反射颜色 RGB 设置成为 185 灰度颜色，这是测试渲染的颜色，如图 9-17 所示。

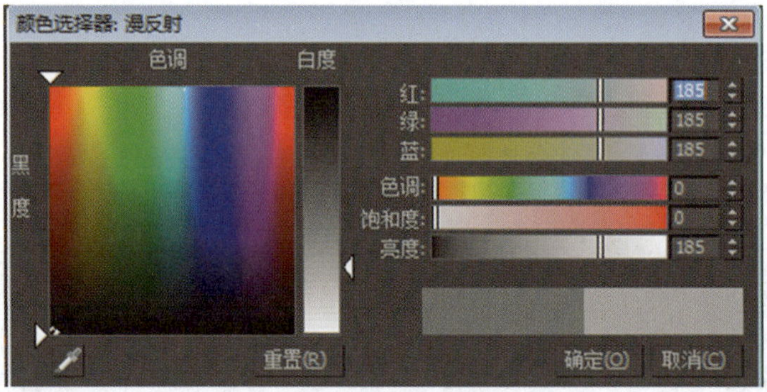

图 9-17　颜色调整

步骤 3. 按 F10 键打开渲染对话框，激活替代材质，将该材质拖动到按钮 None 上 

，这样就给整体场景设置了一个临时测试用的材质，如图 9-18所示。

步骤 4. 按 F9 键对场景进行渲染，此时的渲染效果如图 9-19 所示。

3.3　设置场景其他照明

步骤 1. 吊灯照明在创建面板中单击 VRayLight 按钮，在吊灯处创建一盏球形面光源，如图 9-20(a)所示。

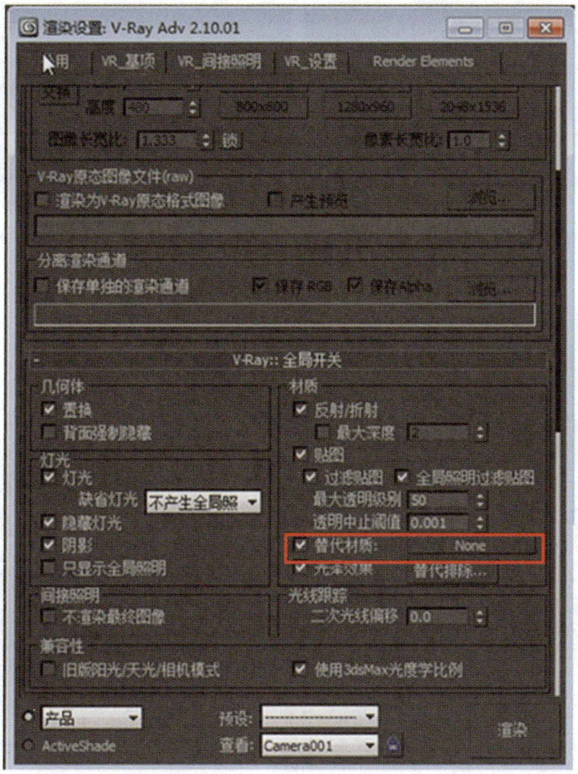

图 9-18　替代材质

图 9-19　场景渲染

步骤 2. 射灯照明,如图 9-20(b)所示。

4　材质制作

4.1　墙体材质制作

步骤如下:按下 M 键,调出材质编辑器。在材质编辑器中选择一个空白材质,用 VRayMtl 材质类型,然后将材质指定给地面模型,如图 9-21 所示。

墙面材质为黄乳胶漆,在现实生活中,墙体材质的表面都有一些微弱的凹凸感,并且

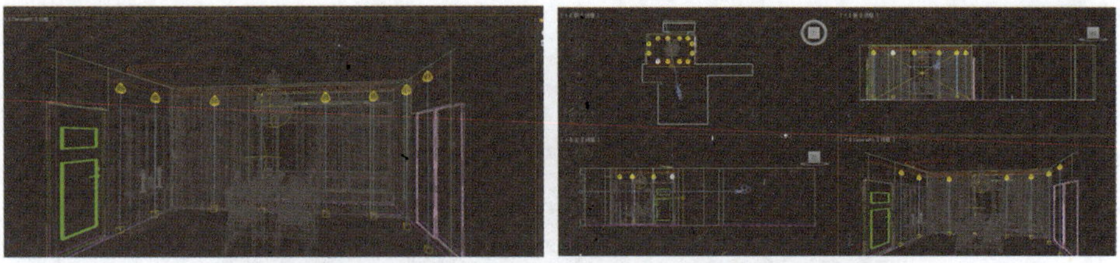

(a) 吊灯设置　　(b) 射灯设置

图 9-20　吊灯和射灯设置

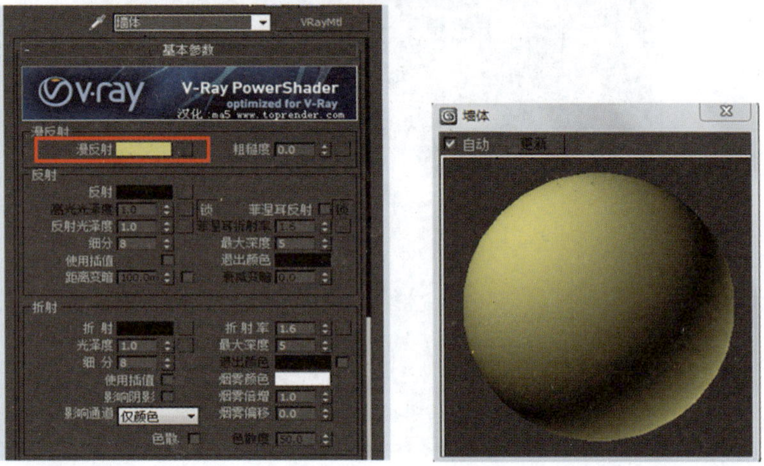

图 9-21　墙体材质

表面没有高光和反射。

4.2　地面材质制作

步骤 1. 按下 M 键，调出材质编辑器。在漫反射通道中加仿古砖的贴图，地砖表面具有菲涅耳的反射效果，因此在反射的通道中添加一个衰减贴图，设置 Color2 颜色为浅灰色，用来反射室外天光的颜色。地砖具有较大的高光，因此设置高光光泽度为 0.75，设置反射光泽度为 0.9，设置细分值为 15，如图 9-22、图 9-23 所示。

步骤 2. 在 BRDF（双向反射分布功能）中设置各项异性参数为 0.6，设置高光旋转角度为 70°，以产生更加丰富的高光效果。

4.3　亚光旧木材质制作

步骤 1. 按下 M 键，调出材质编辑器。选择一个空白的材质球，设置为 VRayMtl 专用材质，设置漫反射后添加贴图，用来模拟茶几表面的纹理和色彩效果，为了渲染得更加清晰，设置 Blur 为 0.01。

步骤 2. 柜体的表面具有菲涅耳反射效果，因此在通道中添加一个衰减贴图，设置衰减的类型为 Fresnel 方式，设置 Color2 颜色为天蓝色，用来模拟室外天光的颜色，因此高光光泽度为 0.85，设置反射光泽度为 0.65，设置细分为 20，如图 9-24 所示。

4.4　绒布材质制作

现实中的绒布表面比较丰润，表面没有反射和高光效果，绒布的表面有一层细微的浅色绒毛，手感比较柔软。

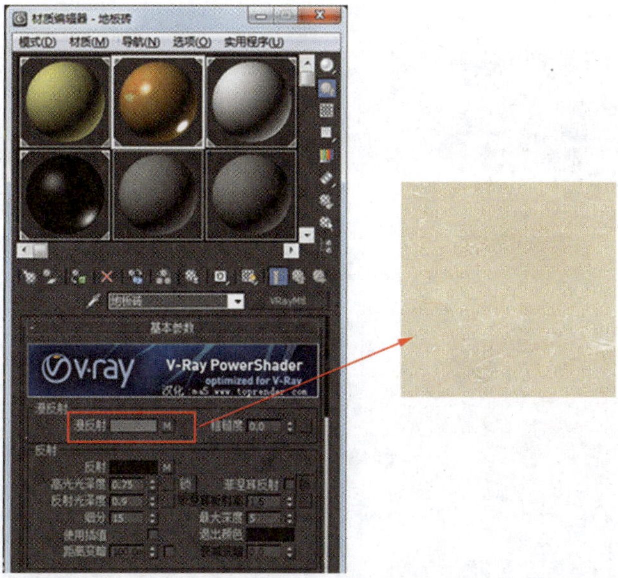

图 9-22 添加贴图

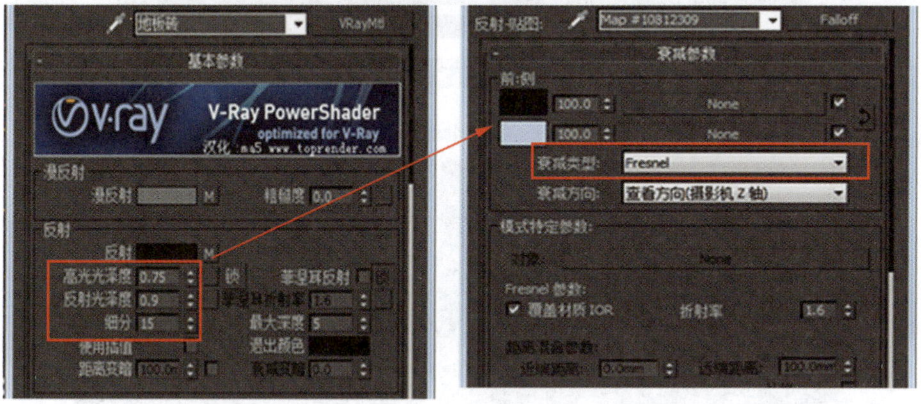

图 9-23 地砖材质设置

步骤如下:该材质使用材质包裹器。基本材质使用标准材质来设置,设置阴影类型为 Oren – Nayar – Blinn 方式,为了表现绒布表面的颜色和绒毛质感,在漫反射通道中添加一个衰减贴图,设置 Color2 颜色为咖啡色,在 Color1 通道中添加一个噪波贴图,为了使渲染后的效果更加清晰,因此设置 Blur(模糊度)值为 0. 8,如图 9-25 所示。

4. 5 皮革材质制作

步骤 1. 漫反射通道中添加一张皮革贴图,用来表现皮革表面的纹理质感,设置 Blur 为 0. 0,以便渲染后更加清晰。

步骤 2. 皮革表面具有菲涅耳的反射效果,在反射通道中添加衰减贴图,设置衰减类型为 Fresnel 方式,为了模拟天光的效果,设置 Color2 颜色为浅蓝色。

步骤 3. 皮革具有较大的高光,因此高光光泽度设置为 0. 55,皮革的表面不是很光滑,所以设置反射光泽度为 0. 65,设置细分为 10,如图 9-26 所示。

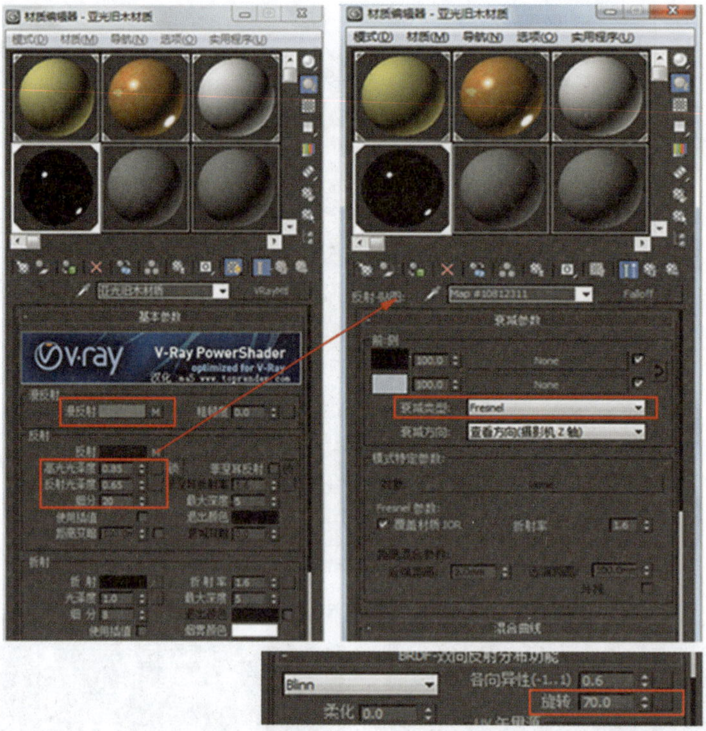

图 9-24　亚光旧木材质设置

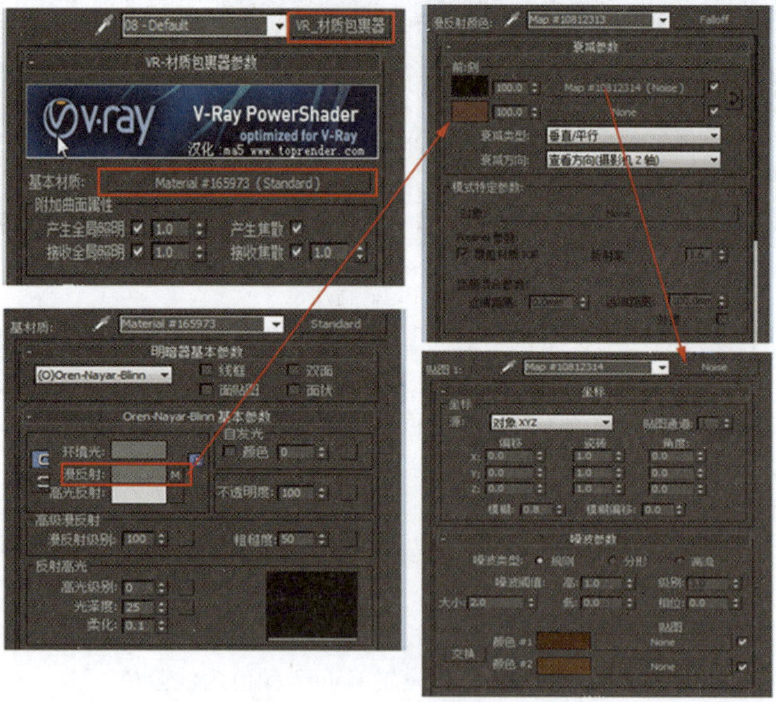

图 9-25　绒布材质设置

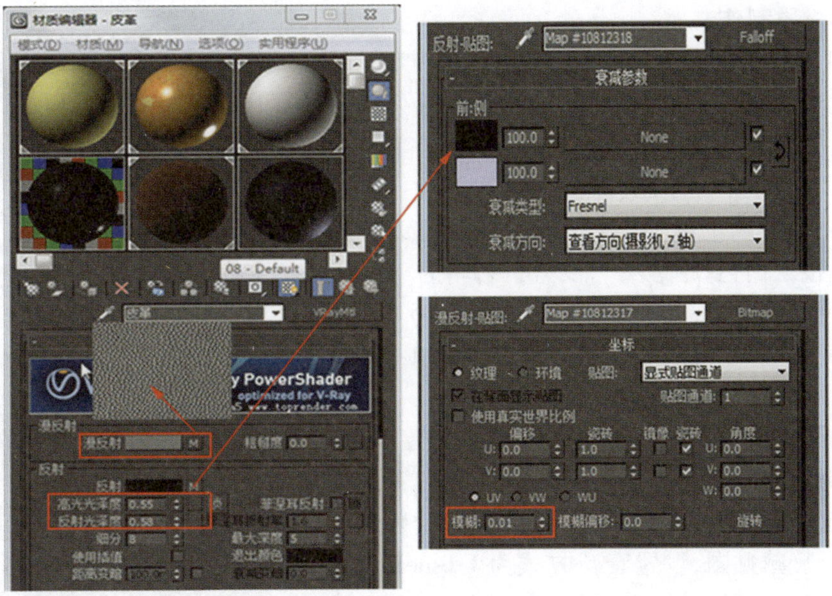

图 9-26　皮革材质设置

4.6　大理石桌面材质制作

步骤 1. 大理石表面很光滑，因此在漫反射通道中添加大理石贴图，用来表现大理石的质感。为了使渲染后更加清晰，设置 Blur 值为 0.5。

步骤 2. 大理石具有强烈的反射和较大的高光效果，为了表现效果，将反射颜色设置成 RGB 为 38 的灰度颜色，设置高光光泽度为 0.7。大理石表面很光滑，所以这里设置反射光泽度为 0.95，设置细分值为 15。

步骤 3. 大理石表面具有微弱的凹凸质感，因此在凹凸通道中添加一张与漫反射通道中相同的贴图，设置贴图强度为 15。

步骤 4. 给所设置的大理石材质添加一个 VRay 材质包裹器，设置 Generate GI 值为 0.6，以便于防止色溢现象产生，如图 9-27 所示。

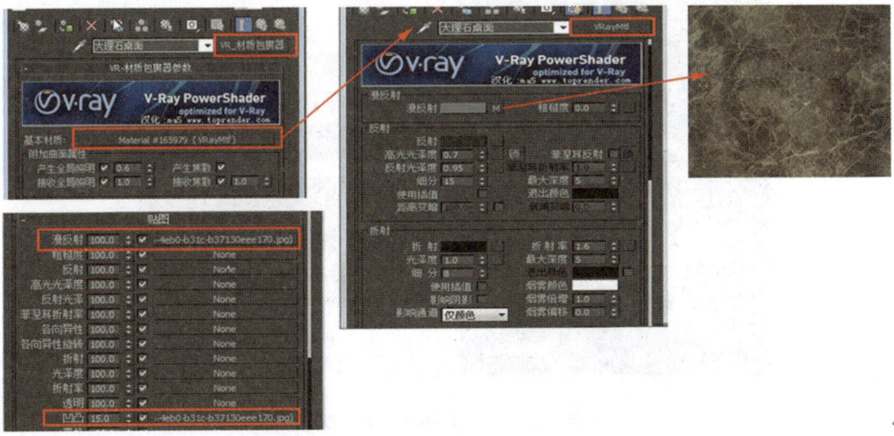

图 9-27　大理石材质设置

4.7　**玻璃材质制作**

步骤 1. 设置漫反射颜色为浅绿色，这是玻璃的颜色，因为玻璃表面具有反射效果，这里设置反射颜色为 35 的灰度颜色。

步骤 2. 因为玻璃有透明质感，而这里所要表现的玻璃为完全透明的材质，设置折射的颜色为纯白色（颜色越接近白色，越透明），设置折射率为 1.6，设置烟雾颜色为浅绿色，设置烟雾倍增值为 0.05。激活影响阴影复选框，以便阴影能够透过玻璃，如图 9-28 所示。

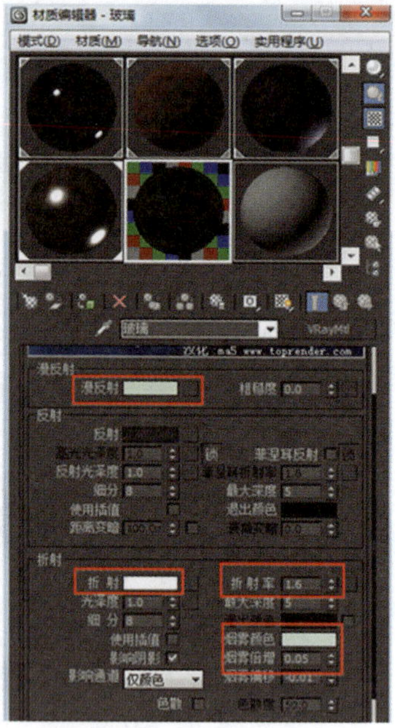

图 9-28　玻璃材质设置

4.8　**白瓷器材质制作**

步骤 1. 设置漫反射颜色为白色，这是白瓷的颜色，白瓷表面具有菲涅耳反射效果，因此在反射通道中添加一个衰减贴图，设置衰减方式为 Fresnel，设置 Color2 颜色为浅灰色，用来反射室外天光的颜色，白瓷具有较大的高光，因此设置高光光泽度为 0.75，其表面比较光滑，这里设置反射光泽度为 0.9，设置细分为 15。

步骤 2. 在 BRDF（双向反射分布功能）中设置各项异性参数为 0.6，设置高光的旋转角度为 70°，以产生更加丰富的高光效果，如图 9-29 所示。

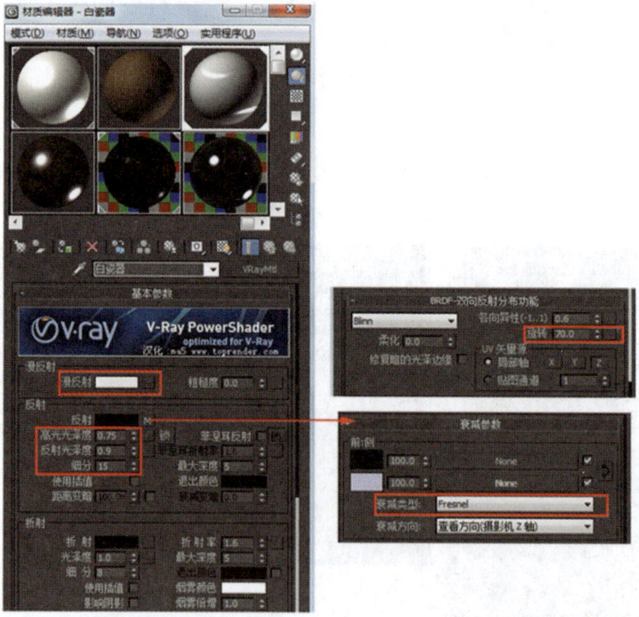

图 9-29　白瓷器材质设置

4.9　绸缎材质制作

在漫反射通道中加一张绸缎贴图,用来表现绸缎材质表面的纹理。因为绸缎具有强烈的高光效果,设置高光光泽度为0.5,反射光泽度为0.9,当光线照射绸缎时,其反射效果低,因此设置反射颜色为10的灰度颜色,如图9-30所示。

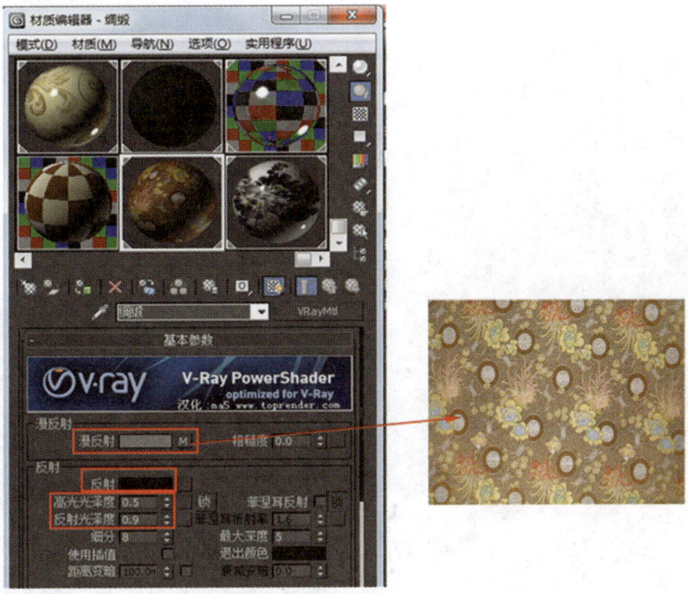

图9-30　绸缎材料制作

4.10　半透明窗帘材质制作

步骤1. 窗帘的颜色为咖啡色半透明的效果,为了表现这种窗帘的质感,设置折射颜色为50的灰度色彩,同时在折射通道中添加一个衰减贴图,设置Color1颜色为灰度,设置窗帘的折射率为1.1,这是布纹的折射率,激活影响阴影复选框,以便阴影可以透过窗帘。

步骤2. 为了使窗帘表面具有更高的亮度和光滑质感,在环境通道中添加一个Output(输出)贴图,使窗帘的表面显得异常光亮,如图9-31所示。

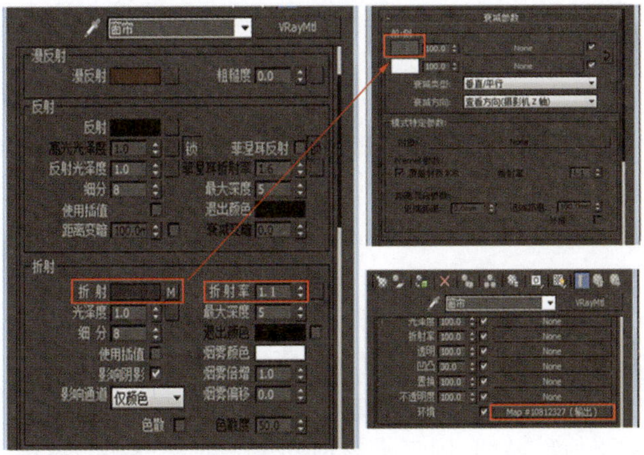

图9-31　窗帘材质设置

4.11　不锈钢材质制作

将漫反射颜色设置为纯黑色，反射的颜色为 150 灰度，高光光泽度相对较大一些，设置为 0.75，反射光泽度设置为 0.85，为防止杂点的产生，将细分设置为 15，如图 9-32 所示。

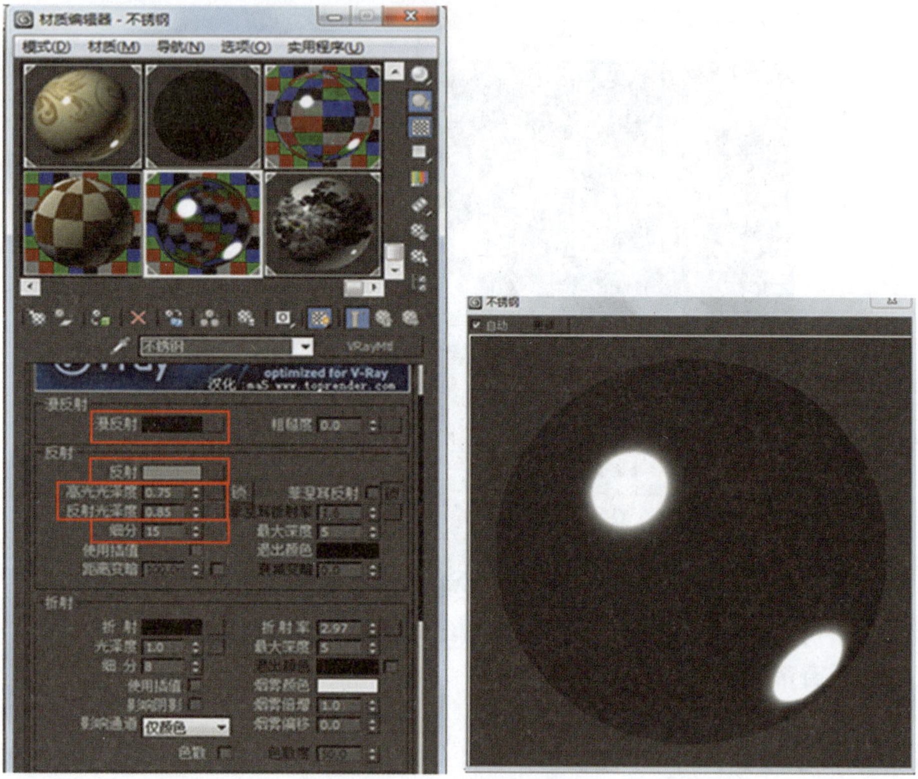

图 9-32　不锈钢材质设置

4.12　灯罩材质制作

步骤 1. 设置漫反射颜色为白色，这是灯罩的颜色，灯罩具有较大的灯光，设置反射颜色为 50 的灰度颜色。

步骤 2. 灯罩具有半透明效果，因此折射颜色为 30 的灰度颜色。

步骤 3. 为了提高灯罩表面的亮度，在环境通道中添加一个 Output（输出）贴图，设置数值为 10 。

步骤 4. 在 Option（选项）中关闭反射追踪复选框，使灯罩只具有高光而不产生反射效果，如图 9-33 所示。

4.13　地毯材质制作

步骤 1. 地毯材质使用了标准材质，设置阴影类型为 Oren – Nayar – Blinn，这种阴影类型具有 Blinn 风格的高光，但它看起来更加柔和，通常用于模拟布和人的皮肤等效果。在漫反射通道中添加一张地毯贴图，用来模拟地毯表面的纹理和颜色。

步骤 2. 地毯的高光很微弱，设置高光级别 14，光泽度 10 。

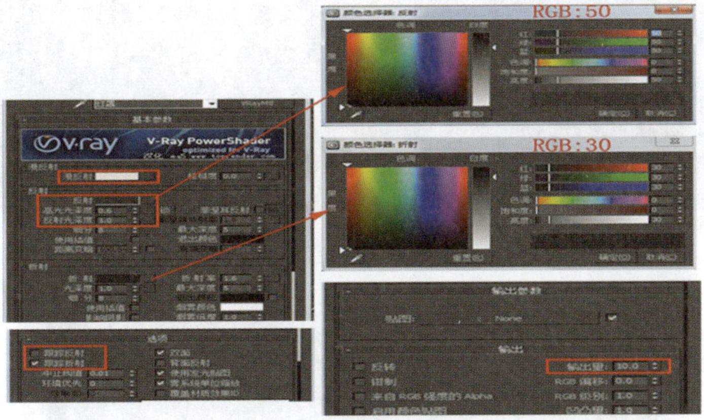

图 9-33　灯罩材质设置

步骤 3. 在 Bump(凹凸)通道中添加一张与漫反射通道相同的贴图,设置贴图强度为 100,用来表现地毯表面的凹凸感。

步骤 4. 给地毯模型添加一个合适的贴图坐标,如图 9-34 所示。

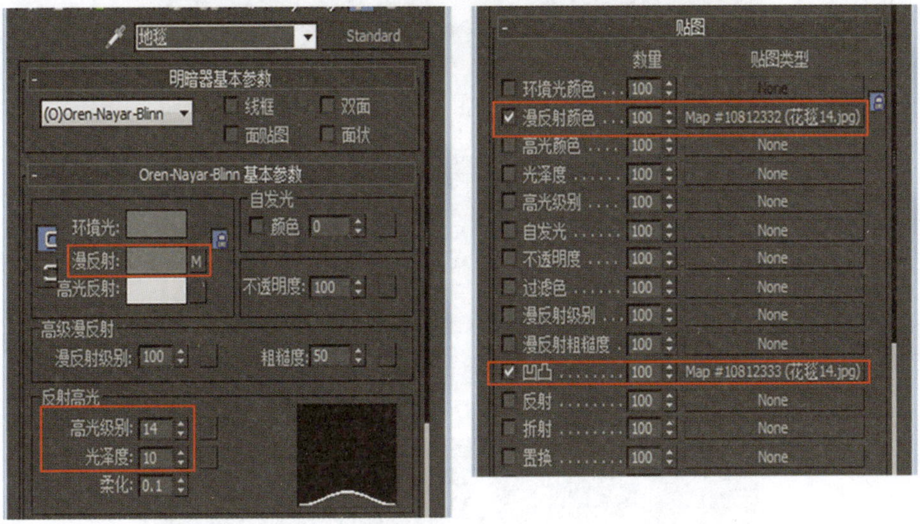

图 9-34　地毯材质设置

5　渲染设置

步骤 1. 按 F10 键打开渲染设置,进入“V－Ray”选项卡。

步骤 2. 指定渲染器,如图 9-35 所示。

步骤 3. 在“公用”面板中设置输出大小,如图 9-36 所示。

步骤 4. 在“VR_间接照明”面板中开启全局照明,设置首次反弹为【发光贴图】,二次反弹为【灯光缓存】。在图像采样器面板中设置图像采样器类型为【自适应 DMC】,开启【抗锯齿过滤器】,如图 9-37、图 9-38 所示。

步骤 5. 在发光贴图中设置为高,如图 9-39 所示。

步骤 6. 在灯光缓存中设置细分值为 1000,如图 9-40 所示。

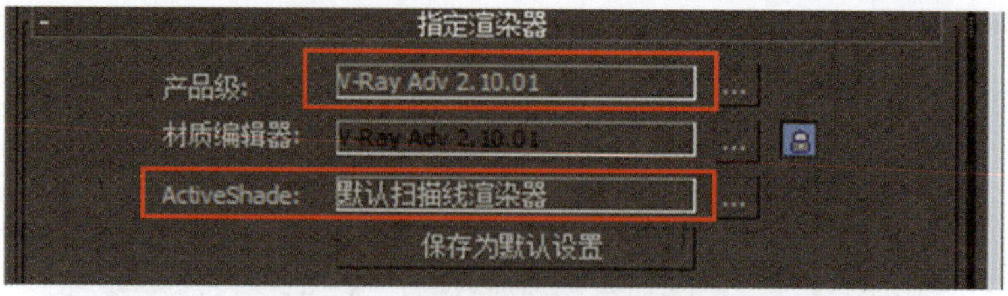

图 9-35　指定渲染器

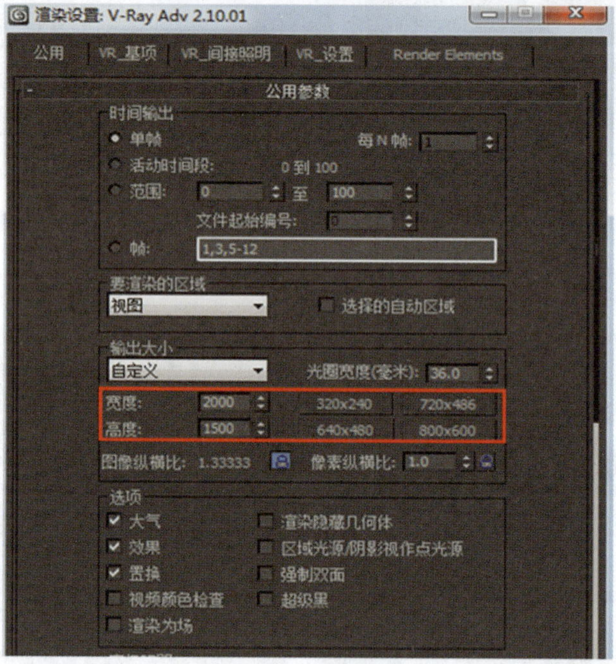

图 9-36　设置输出大小

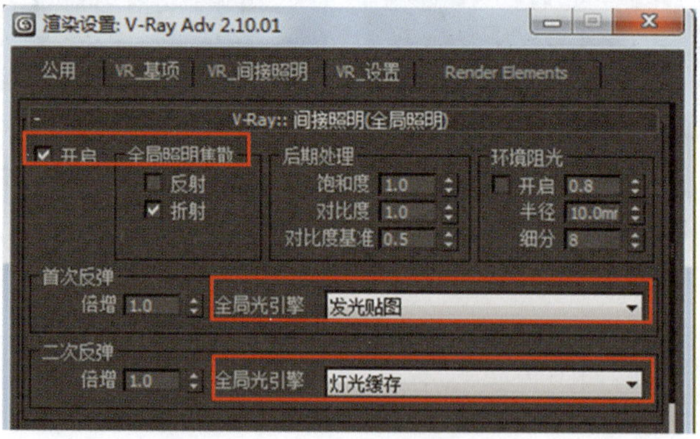

图 9-37　开启间接照明

步骤 7. 在“VR_设置”面板中的 VRay 系统中设置区域排序为从上到下，如图 9-41 所示。

渲染效果如图 9-42 所示。

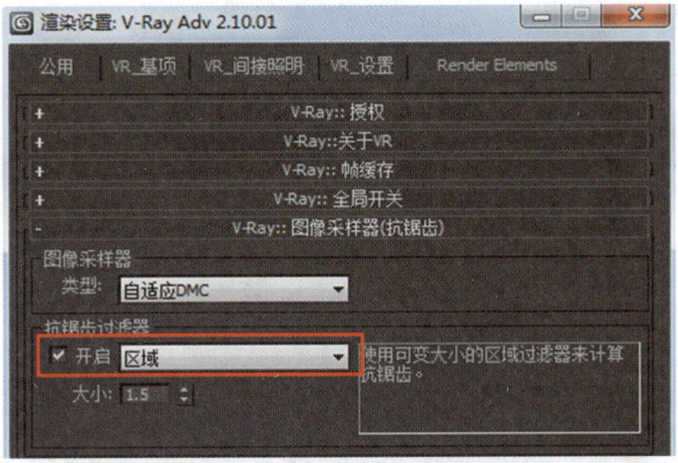

图 9-38 设置图像采样器

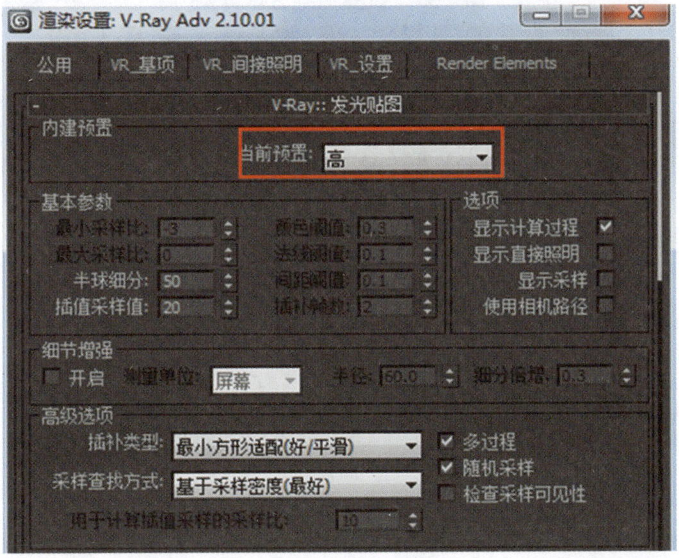

图 9-39 设置发光贴图

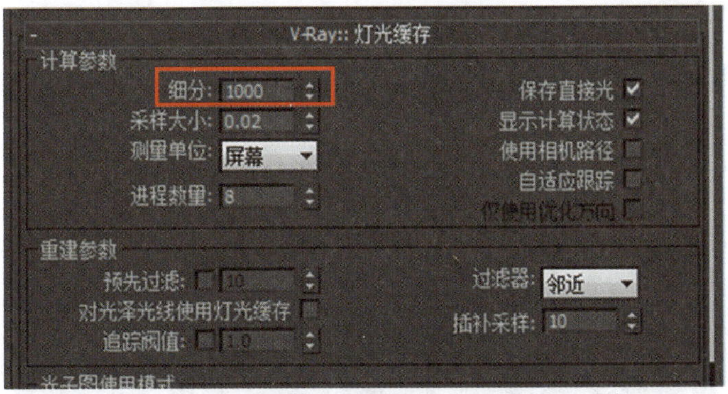

图 9-40 设置灯光缓存

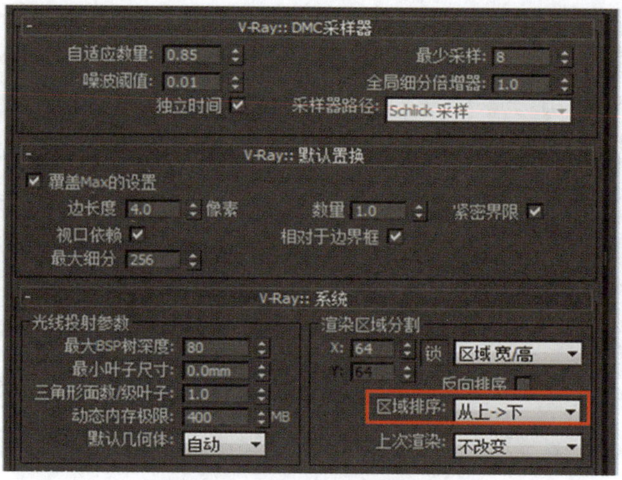

图 9-41　设置渲染区域分割

图 9-42　渲染效果

任务 2　中式书房效果图制作

任务 2 完成的最终效果图如图 9-43 所示。

图 9-43　最终渲染效果

技术要点：

(1)各类木质材质的参数调整；

(2)VRay 球形灯模拟太阳光；

(3)后期处理，添加窗外景色。

1　材质的设置

步骤1.启动 3ds Max 2012 中文版。

步骤2.打开教学课件/项目9源文件/“书房实例 . max”文件，如图9-43所示。这个场景是已经制作完成的墙体界面，并导入了家具、植物及陈设，如图9-44、图9-45所示。

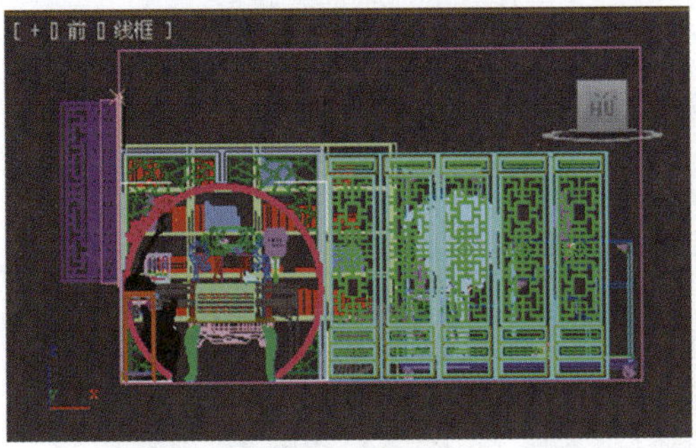

图9-44　打开的“书房实例. max”文件

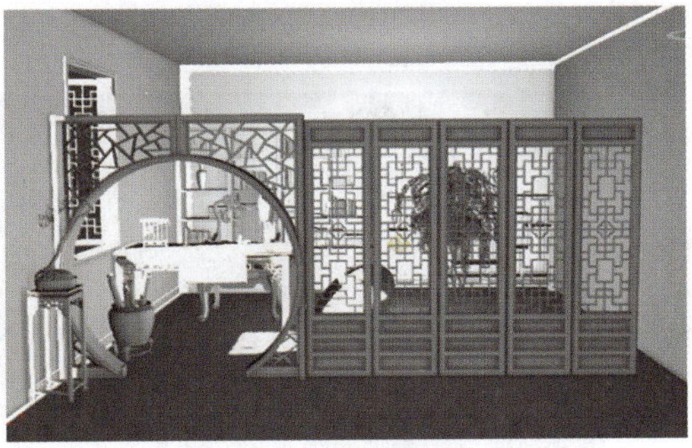

图9-45　场景文件

下面主要讲解墙面、地面、瓷器等常见材质的设置。

(1)墙面。

墙面的材质编辑比较简单，关键是反射和高光的参数控制，应当注意墙面细微反射的设置。漫反射颜色：R，G，B 255，反射颜色：R，G，B 18，高光、反射光泽度分别为0.27和0.55，如图9-46所示。指定材质球，如图9-47所示。

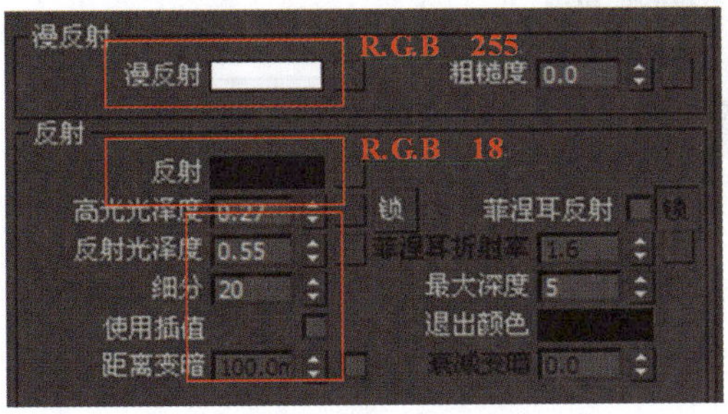

图9-46　墙面参数设置

图9-47　材质球

(2)地面。

地面采用的是仿古瓷砖的材质，表面的反光比较强烈，同时具有凹凸质感，需要通过凹凸贴图进行制作，如图9-48～图9-51所示。

(3)瓷器。

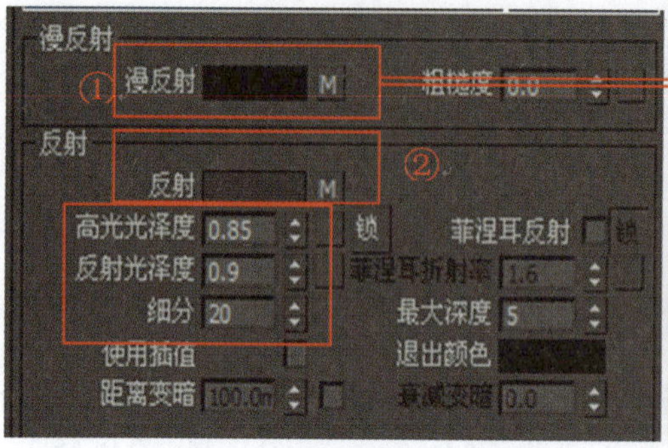

图 9-48　地面参数设置

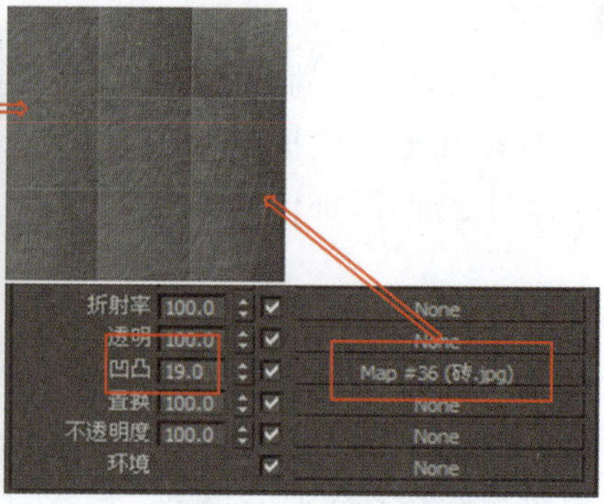

图 9-49　地面参数设置

图 9-50　地面参数设置

图 9-51　材质球

瓷器的特点在于高反光和折射，如图 9-52 ~ 图 9-55 所示。

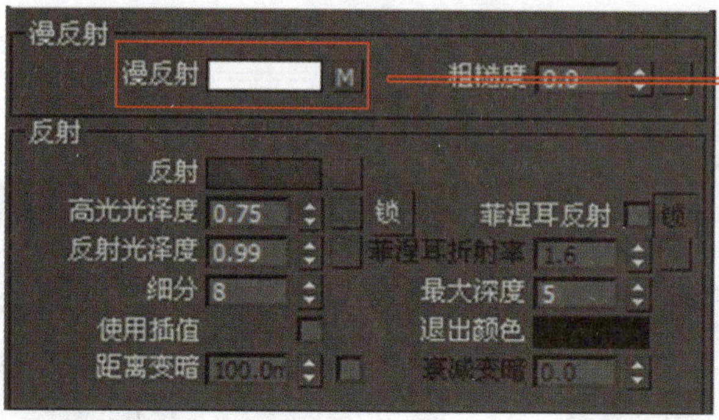

图 9-52　漫反射设置

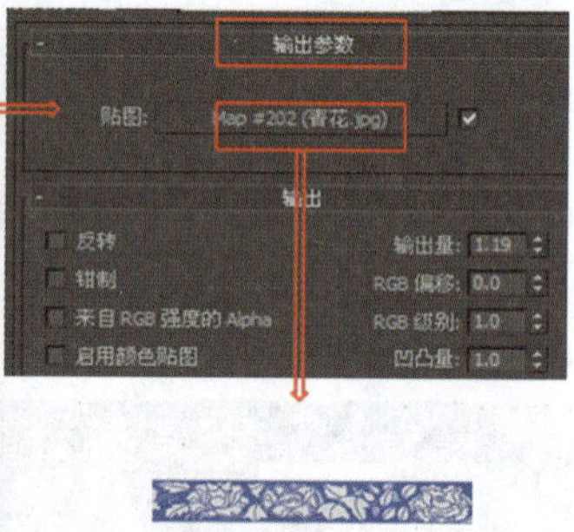

图 9-53　输出贴图

（4）木材质。

木材质在本场景中占的比例较多，材质均为红木，表面大多比较光滑。

门框材质：如图 9-56、图 9-57 所示。

窗棂、拼花木条材质：参数与门框基本相同，需要重新指定材质贴图，如图 9-58、图 9-59所示。

雕花材质：之前的红木材质类似，为了表现雕花质感，需要添加雕花图案和凹凸效果，如图 9-60、图 9-61 所示。

（5）山水画材质。

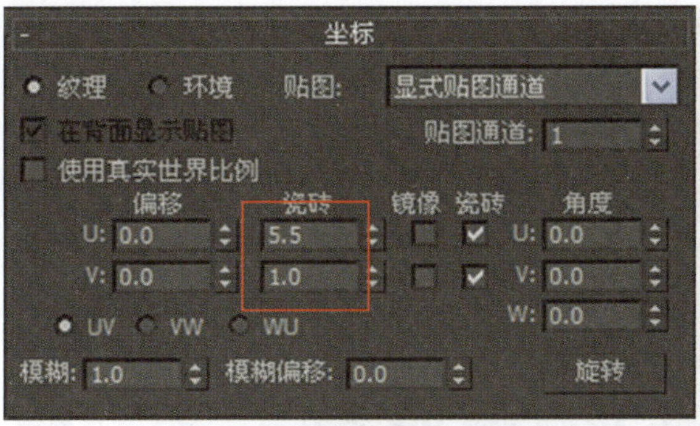

图 9-54　漫反射设置

图 9-55　材质球

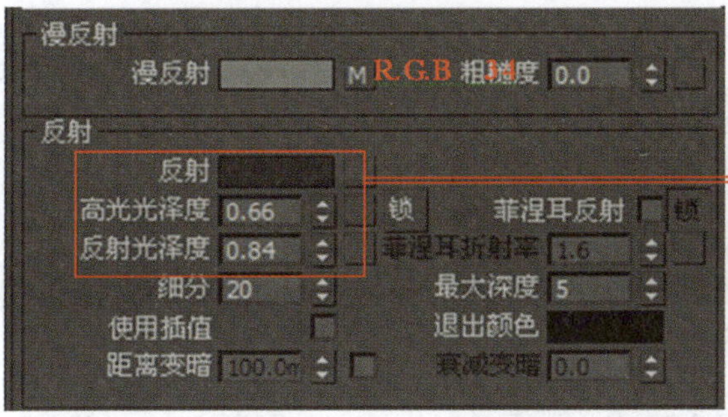

图 9-56　漫反射设置

图 9-57　材质贴图

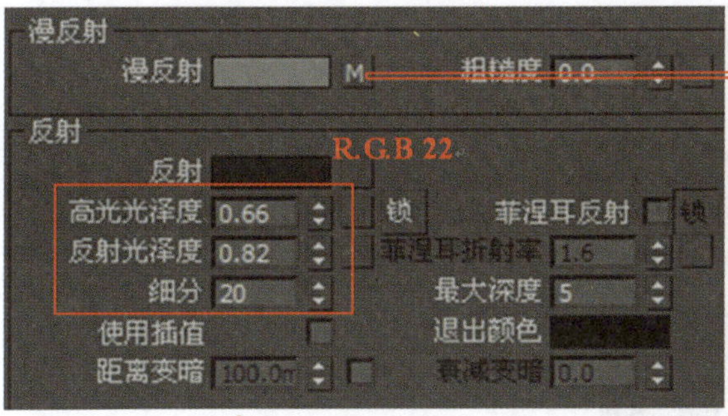

图 9-58　漫反射设置

图 9-59　材质贴图

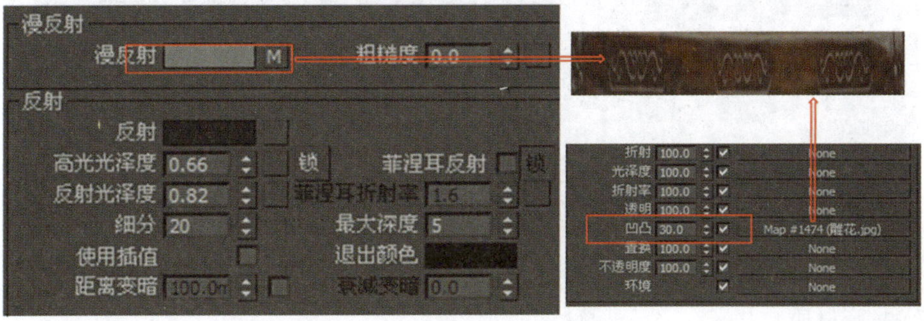

图 9-60　漫反射与凹凸设置

图 9-61　材质球

画面材质：通过添加山水画贴图制作，其他参数保持默认设置，如图 9-62、图 9-63 所示。

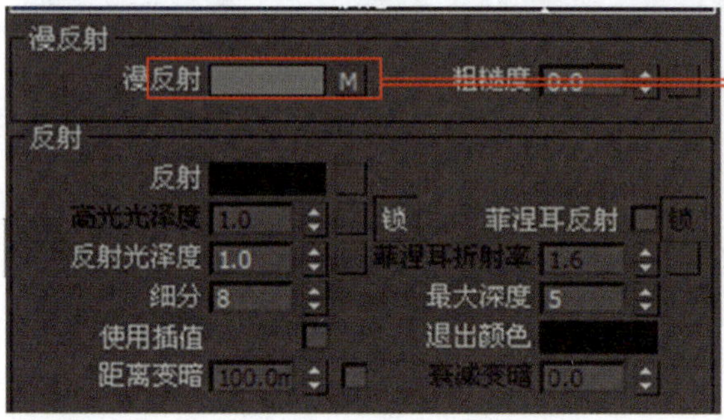

图 9-62　漫反射设置

图 9-63　漫反射贴图

（6）画轴材质。

通过多维/子对象，分别为轴套和裱纸添加材质。

单击

，在材质贴图浏览器中选择多维/子材质，将 ID 数量设置为 2，分别指定材质 1 和 2 为轴套和裱纸材质，如图 9-64 ~ 图 9-69 所示。

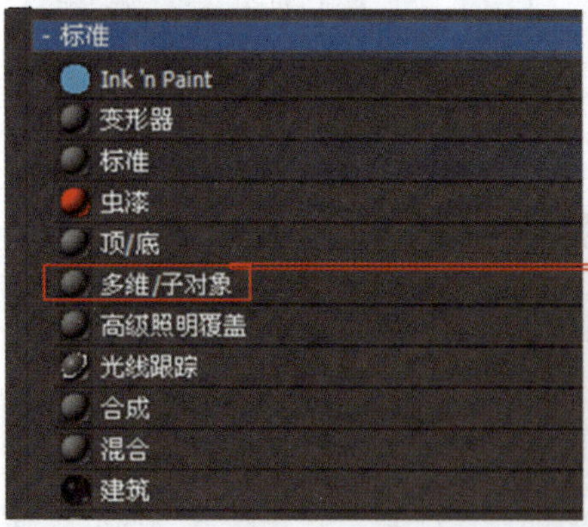

图 9-64　选择多维/子对象

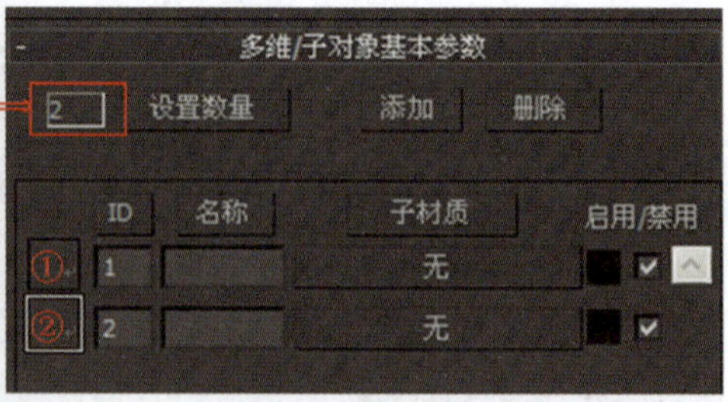

图 9-65　多维/子对象设置

（7）书籍材质。

使用纹理贴图制作，如图 9-70、图 9-71 所示。

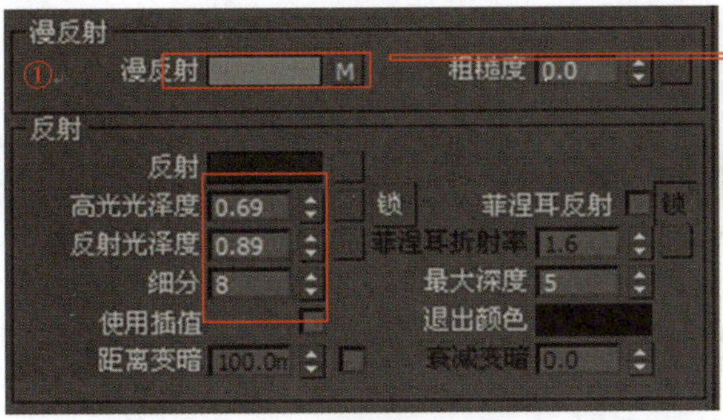

图 9-66　画轴材质设置

图 9-67　画轴材质贴图

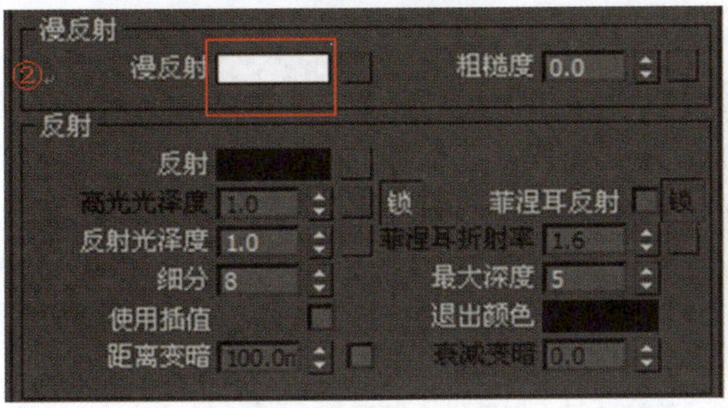

图 9-68　裱纸材质设置

图 9-69　画轴材质球

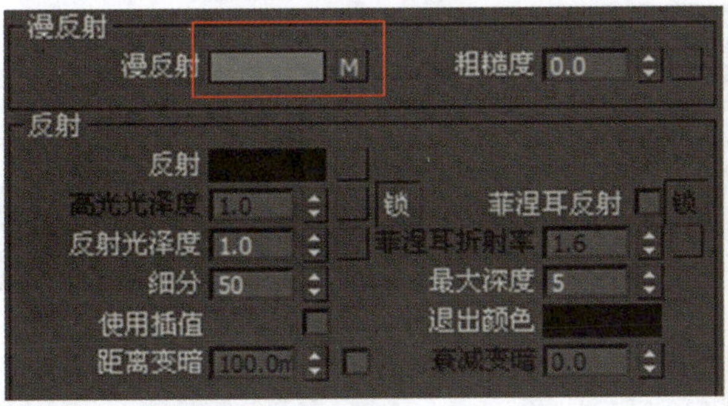

图 9-70　书籍漫反射设置

图 9-71　书籍漫反射贴图

(8)盆景设置。

植物叶子特征表现在表面较为光滑,带有一定反射性,且具有一定的通透性、表面凹凸纹理,如图 9-72 ~ 图 9-76 所示。

(9)树干材质。

树干表皮纹理明显,细节较多,且相对粗糙,需要衰减和凹凸进行表现,如图 9-77 ~ 图 9-79所示。

2　灯光设置

步骤 1. 按 F10 键,打开“渲染设置”面板,选择 VR_基项 ,打开“V－Ray::环境”卷展栏,如图 9-80 所示。

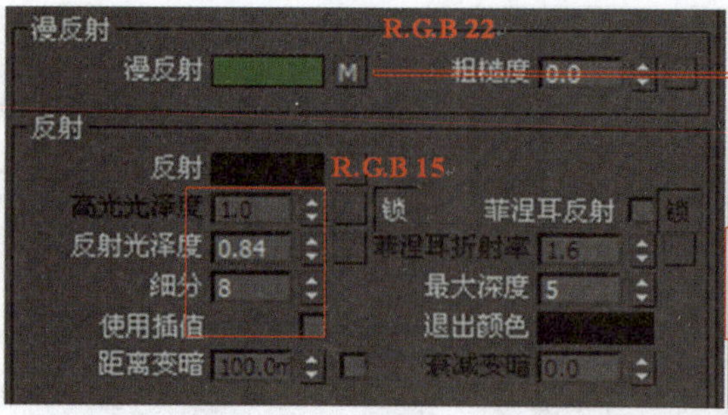

图 9-72　叶子漫反射、反射设置

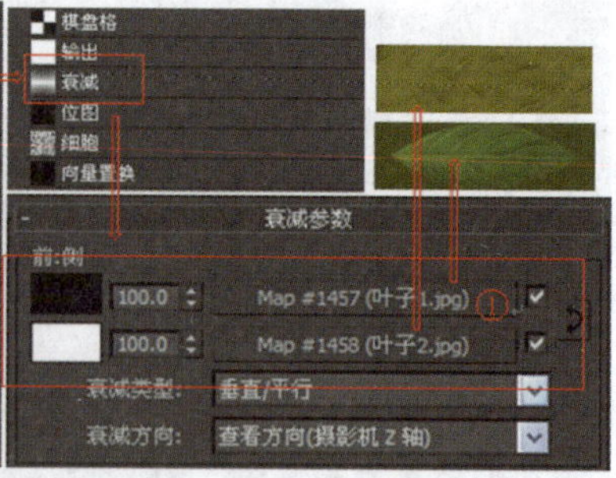

图 9-73　衰减设置

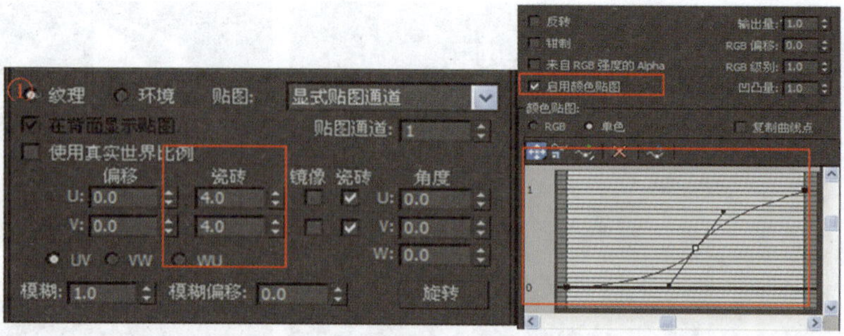

图 9-74　反射贴图坐标及输出设置

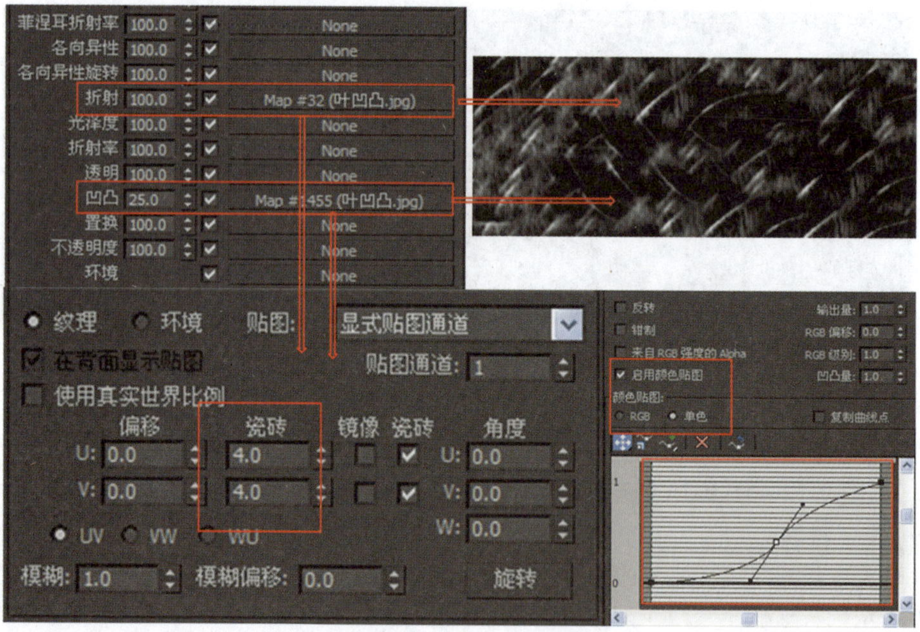

图 9-75　折射贴图坐标及输出设置

步骤 2. 打开全局照明环境，设置颜色为 R237、P246、G255，强度为 1.5，如图 9-81 所示。

图 9-76　叶子材质球

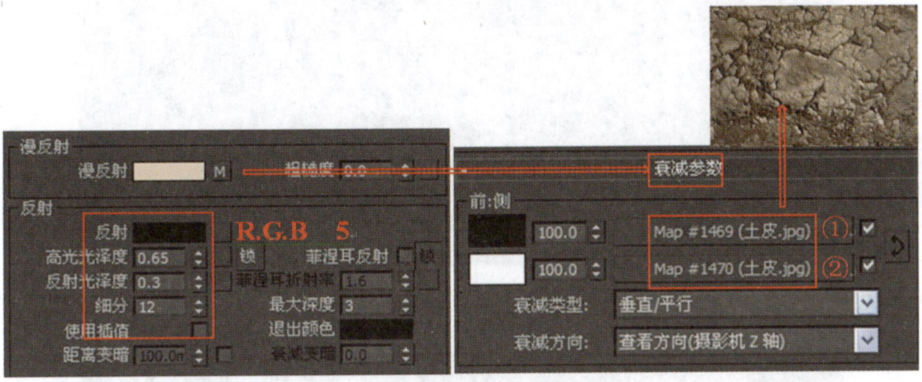

图 9-77　树干漫反射、反射参数

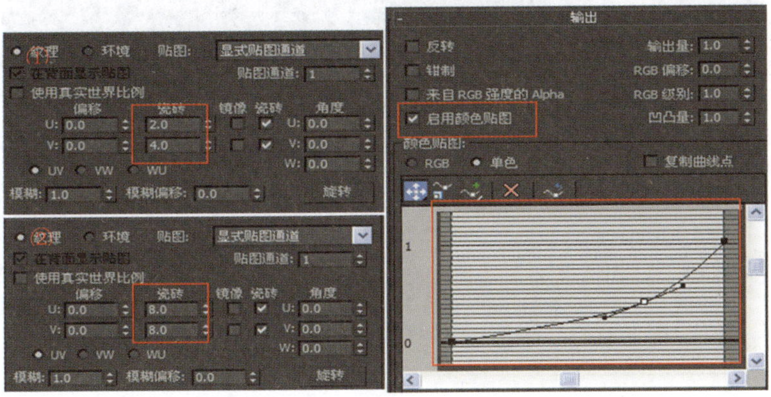

图 9-78　树干衰减贴图坐标及输出设置

步骤 3. 单击，选择 VR_光源 ，添加一盏 VRay 光源，单击，修改光源类型、强度和颜色，注意灯光与场景模型的距离应当远一些，如图 9-82 所示。

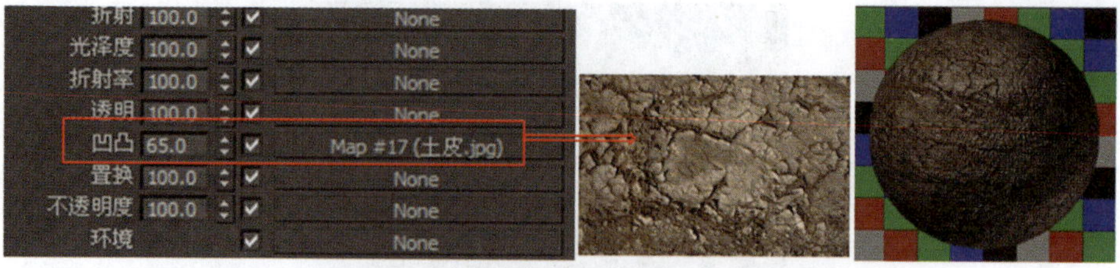

图 9-79　树干衰减贴图坐标及输出设置

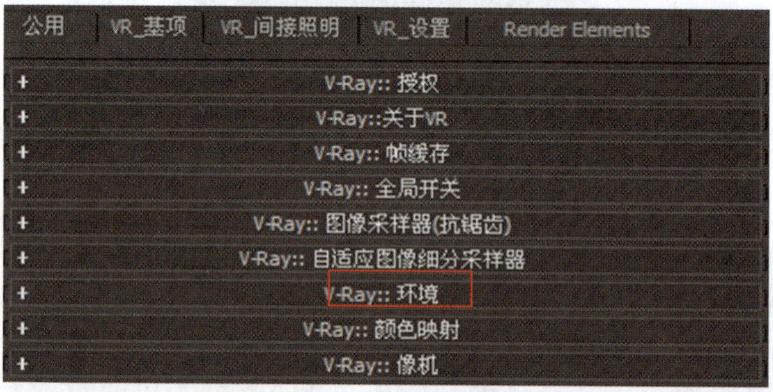

图 9-80　环境光设置

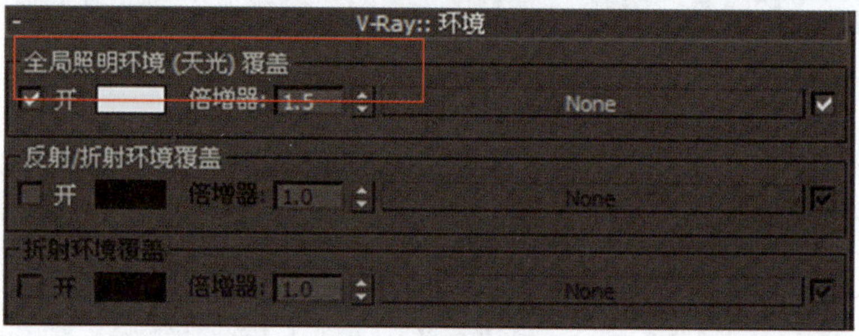

图 9-81　环境光设置

3　出图参数设置

按 F10 键,打开“渲染设置”面板,分别调整图像采样、间接照明等的参数,如图 9-83 ~ 图 9-87 所示。

4　渲染与后期处理

渲染完成后,可以看到,窗外仍是一片空白,因此需要利用 Photoshop 软件为场景添加外景,并对画面的亮度进行调整,如图 9-88 所示。

步骤 1. 打开 Photoshop,依次点击 文件(E) 和 **打开(O)...**,找到渲染的 TIF 格式的图片并打开。

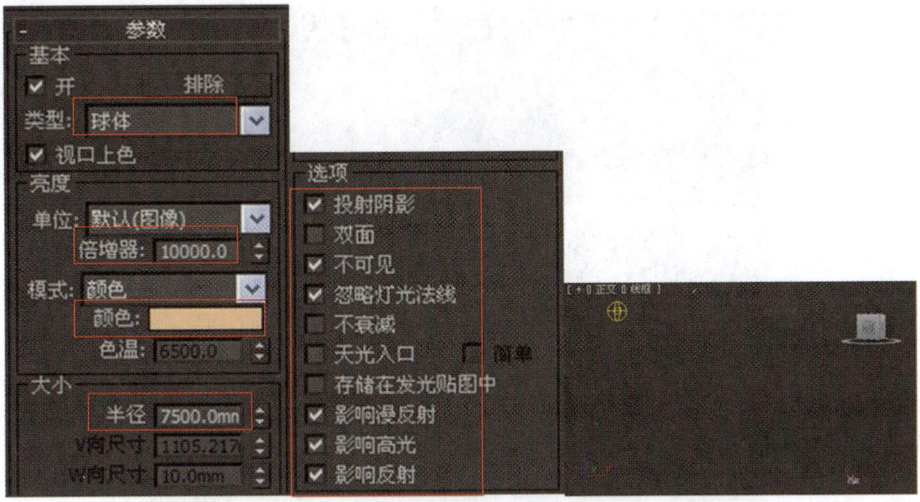

图 9-82　灯光布置

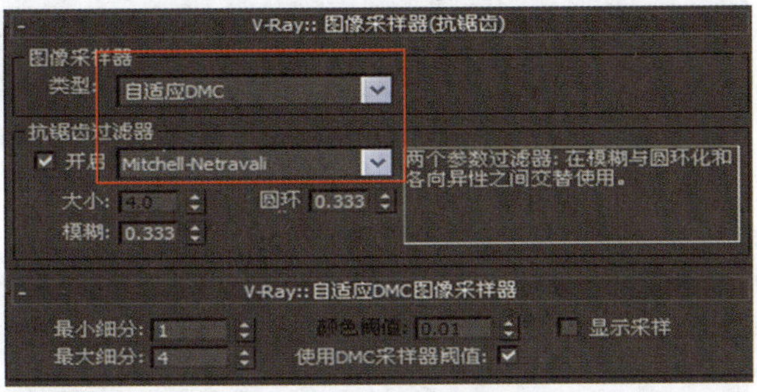

图 9-83　图像采样器设置

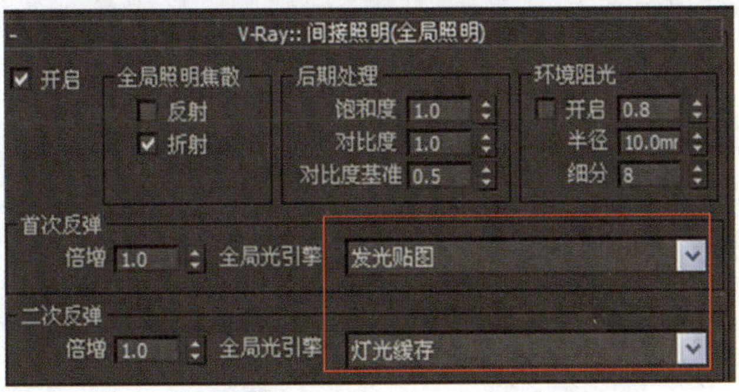

图 9-84　间接照明设置

步骤 2. 点击通道，按住 Ctrl 键的同时选择 Alpha 通道，保持选区回到图层面板，选择背景图层，同时按 Ctrl + J，则利用所选区域创建了一个新的图层。

步骤 3. 打开一张外景图片，将图层位置放置于背景图层和图层 1 之间，并指正外景图片的位置，如图 9-89 所示。

步骤 4. 点击 图像(I) ，选择调整——曲线，调整如图 9-90 所示。

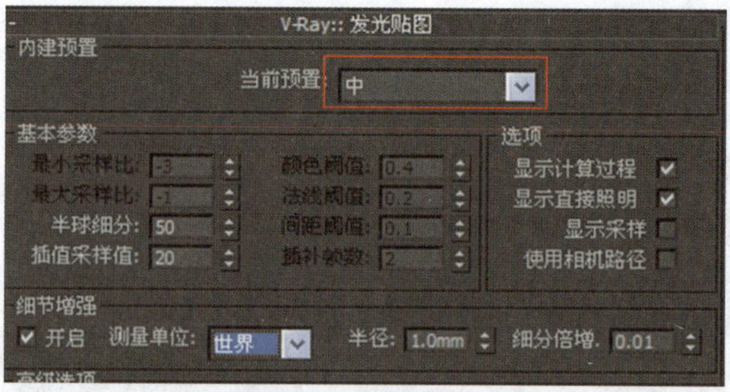

图 9-85　发光贴图设置

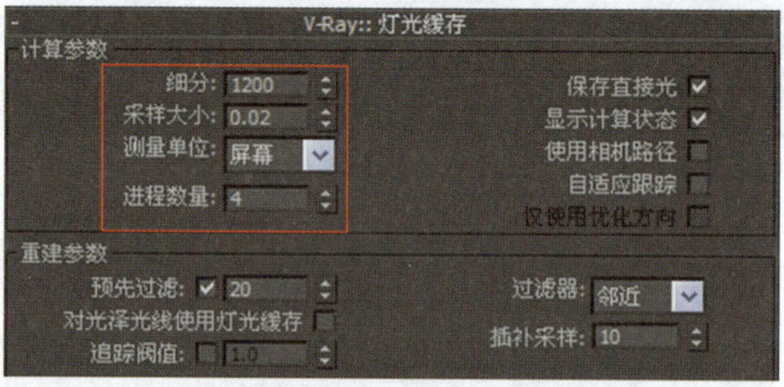

图 9-86　灯光缓存设置

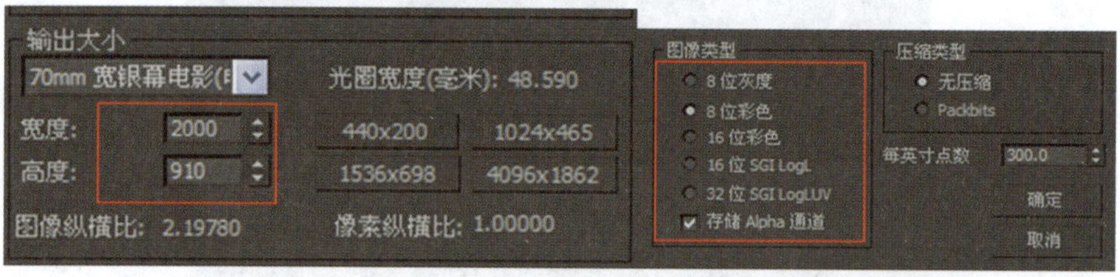

图 9-87　出图格式尺寸设置

图 9-88　初步渲染图

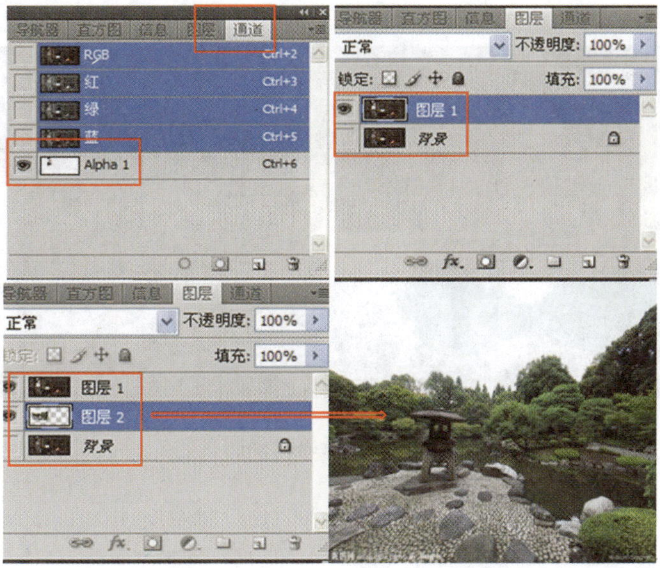

图 9-89 利用 Alpha 通道添加外景

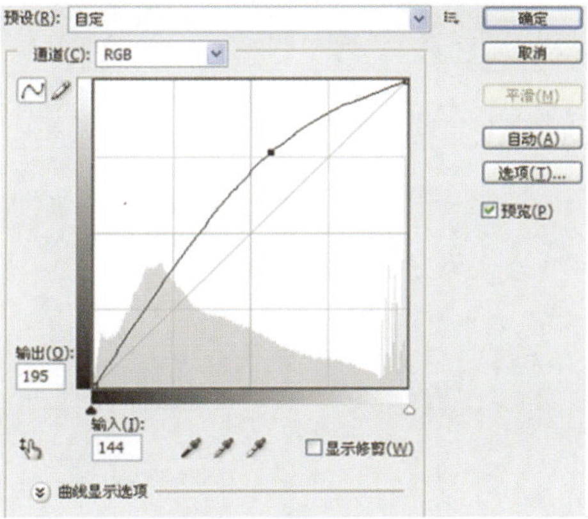

图 9-90 明暗曲线调整

步骤 5. 体积光制作：利用多边形套索工具创建选区，进行动感模糊，如图 9-91 所示。

图 9-91 体积光制作

最终效果图如图 9-92 所示。

图 9-92　最终效果图

参考文献

[1] 石少军.3ds Max & VRay 表现技法全精通[M].北京:北京理工大学出版社,2011.
[2] 王学军.3ds Max 室内外效果图设计教程[M].北京:冶金工业出版社,2010.
[3] 杨一菲,张海华.3ds Max 2009/VRay 室内效果图制作实例精讲[M].北京:人民邮电出版社,2010.
[4] 王玉梅,张波.3ds Max + VRay 效果图制作从入门到精通[M].北京:人民邮电出版社,2010.
[5] 朱明光.3ds Max 9 中文版入门与提高[M].北京:清华大学出版社,2008.